超短波无线信道建模与仿真

葛海龙 主编
董树理 任丙印 汤云革 杨志飞 编写
张涛涛 徐忠富 李 浩

国防工业出版社

·北京·

内 容 简 介

本书针对超短波无线信道的建模与仿真问题,重点阐述了超短波无线信道传播损耗模型、超短波无线信道衰落模型、天线辐射特性的建模方法与适用场景,并分别给出了基于成形滤波器法和正弦波叠加法的无线衰落信道建模仿真。同时,为了使信道模型更符合特定场景,实现模型本地化,给出了一种利用实测数据对特定的传播环境和路径进行建模的方法。最后介绍了通信对抗半实物仿真测试的主要模式、数据处理方式以及主要影响因素等。

本书可作为国内高等院校无线通信专业高年级或研究生的参考书,也可供从事无线信道建模与仿真工作的工程技术人员参考。

图书在版编目(CIP)数据

超短波无线信道建模与仿真/葛海龙主编. —北京:
国防工业出版社,2024.3
ISBN 978 – 7 – 118 – 13204 – 5

Ⅰ. ①超… Ⅱ. ①葛… Ⅲ. ①无线电信道 Ⅳ.
①TN921

中国国家版本馆 CIP 数据核字(2024)第 063320 号

※

国防工业出版社出版发行
(北京市海淀区紫竹院南路23号 邮政编码100048)
天津嘉恒印务有限公司印刷
新华书店经售

*

开本 710×1000 1/16 印张 12¼ 字数 214 千字
2024 年 3 月第 1 版第 1 次印刷 印数 1—1500 册 定价 98.00 元

(本书如有印装错误,我社负责调换)

国防书店:(010)88540777 书店传真:(010)88540776
发行业务:(010)88540717 发行传真:(010)88540762

前言

无线信道仿真是一种半实物注入式测试手段,设备去掉天线,通过射频电缆把设备信号接入仿真系统,设备之间的信号传播由仿真系统通过信道模拟完成,这种对通信设备及其干扰设备的技术性能测试手段,既可以突破季节和气候等气象条件的限制,也可以克服山地、丘陵、平原等不同地理环境条件下测试带来的不便,还可以便捷地构建地面和地空电波传播要素,形成固定和移动条件下的设备布局态势,总之,该手段具有重复性好、效费比高、可控性强的优势和特点,应用范围十分广泛。要实现半实物注入式仿真测试,无线信道的建模与仿真是关键。

无线信道建模是采用数学模型来描述无线电信号的传输过程,无线信道仿真采用模拟器的方式把射频信号的传输过程模拟出来,无线信道的建模与仿真是仿真测试中两个不可或缺的过程。

无线信道模型很多,按电波传播途径可分为视距传播模型、绕射传播模型等。模型参数主要包括损耗、衰落、时延、多普勒频移、相位偏移等,其中损耗模型和衰落模型复杂性高、难度大,是信道建模与仿真领域的研究重点,也是本书研究和介绍的重点。

损耗模型有统计模型、确定性模型以及半经验半确定性模型,我们进行了许多实际测试,针对不同气候、地形和季节条件,在此基础上拟合出了相对条件下的损耗曲线,形成了一些地面信道传播的损耗统计模型。

衰落模型要表征信号强度的随机变化,并且具有不可预见性,但可以进行统计分析。我们把衰落信道建模看作一阶平稳随机信道,用接收功率的均值描述随机信道模型的一阶统计量,并对测量的统计量取平均。典型情况测试数据建立的模型,也只能反映特定时刻和特定环境条件下的信道特性。在实际系统中,不可能对随机信号产生无限个样本并取平均。因此,可以把不同参数条件下的衰落模型描绘出来,并且尽可能多,在应用过程中可以根据实际需求选取。

天线辐射特性建模是无线信道建模的重要一环,有严格解析法、近似解析法、数值分析法等建模方法。天线增益的常用测量方法有相对增益测量方法,如比较法,还有绝对增益测量方法,该法如相同天线法、波束宽度法、方向图积分法、射电源法等。我们提出了一种天线增益测试多径干涉识别处理方法,获得了国家专利,其方法在本书中有详细介绍。

无线信道模拟器是无线信道仿真设备,本书介绍了无线信道模拟器的硬件设计与实现。成形滤波器法和正弦波叠加法是对小尺度衰落仿真的算法,各有特点和优势,书中详细介绍了原理和实现过程,具有工程应用价值。

全书共分 8 章,第 1 章由葛海龙编写,第 2、7、8 章由董树理、任丙印、杨志飞编写,第 3 章由徐忠富、李浩编写,第 4 章由汤云革编写,第 5、6 章由张涛涛、任丙印编写。全书由葛海龙负责结构设计,并负责全书统稿。本书的编写工作得到了上级领导、机关以及有关单位和个人的大力支持与帮助,在此表示感谢。对被引用的有关参考文献的作者也一并致谢。

本书的编写结合了信道模拟方面的实际工作和应用成果,由于时间和作者经验水平所限,错误之处在所难免,请读者批评指正。

目 录

第 1 章　绪论

1.1　无线信道建模 …………………………………………………… 001
　1.1.1　无线信道 ………………………………………………………… 001
　1.1.2　超短波无线信道传播模型 ……………………………………… 001
　1.1.3　无线信道模型参数 ……………………………………………… 003
　1.1.4　超短波无线信道模型影响因素 ………………………………… 005
　1.1.5　无线信道建模方法分类 ………………………………………… 007
1.2　无线信道仿真 …………………………………………………… 009
1.3　无线信道建模与仿真现状 ……………………………………… 011
　1.3.1　无线信道建模现状 ……………………………………………… 011
　1.3.2　无线信道仿真现状 ……………………………………………… 015

第 2 章　超短波信道传播损耗模型

2.1　模型分类与 ITU 模型 …………………………………………… 019
　2.1.1　模型的分类 ……………………………………………………… 019
　2.1.2　ITU 及其模型简介 ……………………………………………… 021
2.2　统计性模型 ……………………………………………………… 022
　2.2.1　Okumura–Hata 模型 …………………………………………… 022
　2.2.2　COST 231 Hata 模型 …………………………………………… 024
　2.2.3　Lee 模型 ………………………………………………………… 025
　2.2.4　ITU–R P.528 模型 ……………………………………………… 027
　2.2.5　ITU–R P.1546 模型 …………………………………………… 033
　2.2.6　Rood 模型 ……………………………………………………… 043
2.3　确定性模型 ……………………………………………………… 043
　2.3.1　ITU–R P.1812 模型 …………………………………………… 043
　2.3.2　光滑平坦地面传播预测模型 …………………………………… 050
　2.3.3　粗糙地面绕射损耗预测模型 …………………………………… 052
2.4　半确定性模型 …………………………………………………… 055

Ⅴ

2.4.1　Egli 模型 …………………………………………………………… 055
2.4.2　COST 231 – Walfish – Ikegami 模型 …………………………… 056

第 3 章　衰落模型

3.1　衰落信道的基本概念 ……………………………………………………… 059
　　3.1.1　多径效应 …………………………………………………………… 059
　　3.1.2　多普勒频移 ………………………………………………………… 060
　　3.1.3　选择性和相干性 …………………………………………………… 061
3.2　衰落信道的分类 …………………………………………………………… 061
　　3.2.1　大尺度衰落和小尺度衰落 ………………………………………… 061
　　3.2.2　快衰落和慢衰落 …………………………………………………… 062
　　3.2.3　频率选择性衰落和频率平坦衰落 ………………………………… 063
3.3　衰落信道的特征描述 ……………………………………………………… 064
　　3.3.1　各态历经性 ………………………………………………………… 064
　　3.3.2　均值 ………………………………………………………………… 064
　　3.3.3　包络分布 …………………………………………………………… 064
　　3.3.4　电平通过率和平均衰落持续长度 ………………………………… 066
　　3.3.5　时延域 ……………………………………………………………… 067
　　3.3.6　多普勒域 …………………………………………………………… 069
　　3.3.7　波数域 ……………………………………………………………… 071
　　3.3.8　角度谱 ……………………………………………………………… 073
3.4　衰落信道的统计分析 ……………………………………………………… 074
　　3.4.1　瑞利信道 …………………………………………………………… 075
　　3.4.2　莱斯信道 …………………………………………………………… 075
　　3.4.3　Nakagami – m 信道 ……………………………………………… 075
3.5　超短波电波传播衰落仿真模型 …………………………………………… 076
　　3.5.1　超短波电波传播衰落仿真模型需求分析 ………………………… 076
　　3.5.2　超短波信道衰落仿真模型 ………………………………………… 079
3.6　衰落模型对仿真测试结果影响测试及修正和使用方法 ………………… 081
　　3.6.1　衰落模型对仿真测试结果影响测试 ……………………………… 082
　　3.6.2　不同衰落模型参数对应输出信号幅度概率密度函数图 ………… 086

第 4 章　天线辐射特性建模与仿真

4.1　天线建模中的主要方法 …………………………………………………… 089
　　4.1.1　有限元法 …………………………………………………………… 089

  4.1.2 矩量法 …… 092
  4.1.3 时域有限差分法 …… 095
 4.2 典型天线辐射特性建模与仿真 …… 096
  4.2.1 偶极天线建模与仿真 …… 096
  4.2.2 对数周期偶极子天线建模与仿真 …… 099
 4.3 天线模型验证方法 …… 105
  4.3.1 天线增益测量典型方法及其误差分析 …… 105
  4.3.2 天线增益主要误差因素修正方法 …… 107

第5章 无线衰落信道成形滤波器法建模与仿真

 5.1 成形滤波器法的建模原理 …… 109
 5.2 成形滤波器法的硬件实现 …… 110
  5.2.1 硬件实现流程 …… 110
  5.2.2 开发平台和开发环境 …… 110
 5.3 高斯白噪声生成模块 …… 111
  5.3.1 随机数产生 …… 111
  5.3.2 高斯白噪声生成 …… 117
  5.3.3 高斯白噪声定点实现与仿真 …… 118
 5.4 频谱共轭对称模块 …… 120
 5.5 成形滤波器设计模块 …… 121
  5.5.1 谱形设计 …… 121
  5.5.2 成形滤波器实现 …… 126
 5.6 基2-IFFT模块 …… 127
 5.7 插值滤波模块 …… 129
 5.8 数字下变频滤波模块 …… 131
 5.9 信道资源优化 …… 132
  5.9.1 时分复用 …… 132
  5.9.2 量化 …… 133
  5.9.3 工作模式选择 …… 134

第6章 无线衰落信道正弦波叠加法建模仿真

 6.1 正弦波叠加法的建模原理 …… 135
 6.2 平坦衰落信道的仿真模型 …… 136
  6.2.1 Clarke统计模型 …… 136
  6.2.2 Clarke参考模型 …… 137

- 6.2.3 Jakes 仿真模型 …………………………………………………… 138
- 6.2.4 Jakes 仿真模型的改进 ………………………………………… 141
- **6.3 频率选择性信道仿真模型** ……………………………………………… 145
- **6.4 Nakagami 信道仿真模型** ……………………………………………… 145
- **6.5 Nakagami – MIMO 信道仿真模型** …………………………………… 148
- **6.6 平坦衰落信道正弦波叠加法的硬件实现** …………………………… 151
  - 6.6.1 硬件实现流程 …………………………………………………… 151
  - 6.6.2 余弦值生成算法 ………………………………………………… 151
  - 6.6.3 频率控制字生成算法 …………………………………………… 152
  - 6.6.4 相位控制字生成算法 …………………………………………… 153
  - 6.6.5 随机数更新算法 ………………………………………………… 154
  - 6.6.6 DDS 输出结果处理算法 ………………………………………… 154

第7章 基于实测数据的信道模拟

- **7.1 实测数据的采集** ………………………………………………………… 156
- **7.2 利用实测数据计算衰减模拟量** ……………………………………… 156
- **7.3 利用实测数据计算衰落模拟的模型参数** …………………………… 158
- **7.4 利用实测数据计算时延模拟量** ……………………………………… 160
- **7.5 利用实测数据计算多普勒频移模拟量** ……………………………… 160

第8章 通信对抗仿真测试

- **8.1 通信对抗仿真** …………………………………………………………… 162
- **8.2 仿真测试模式** …………………………………………………………… 165
  - 8.2.1 固定业务通信对抗半实物仿真测试模式 …………………… 166
  - 8.2.2 移动业务通信对抗半实物仿真测试模式 …………………… 166
- **8.3 仿真测试数据处理方法** ……………………………………………… 170
- **8.4 仿真测试的影响因素** ………………………………………………… 172
  - 8.4.1 对通信侦察仿真测试的影响因素 …………………………… 172
  - 8.4.2 对通信干扰仿真测试的影响因素 …………………………… 175

参考文献 ……………………………………………………………………… 182

第 1 章 绪论

无线信道是把发射机的信号传输给接收机的物理媒质,其基本特点是发送信号会随机受到大气噪声、人为噪声、加性热噪声的影响。本书主要介绍如何采用数学模型来描述超短波无线通信信号的传输过程,并采用模拟器的方式如何把射频信号的传输过程模拟出来,前者为无线信道的建模,后者为无线信道的仿真。本章主要阐述无线信道建模与仿真含义、内容、方法和技术现状。

1.1 无线信道建模

1.1.1 无线信道

无线信道是指无线电信号传输的通道,是用来传输发射机的信号给接收机的物理媒质,是信号传播必不可少的重要组成部分。在通信系统中,基本的点对点通信是发信端的信息通过信道传递到接收端,为了使发信端的原始信息适合在信道中传输,发送设备需要对原始信息进行调制,调制的信号应有两个基本特征:一是携带原始信息;二是能够在信道中传输。

无线信道的概念通常包括狭义信道和广义信道。狭义信道概念按传播介质分类,与有线信道相对,包括自由空间、地表面波传播、障碍和球面绕射传播、天波传播、视距与中继、卫星导航通信以及各种散射信道等无线信道。广义信道概念从信息传播的观点来说,无线信道除按传播介质分类包含的信道外,还包括有关的变换装置,如电磁转换和磁电转换的天线,我们在本书中的无线信道指的是广义信道,既包括电波传播信道,也包括天线的建模与仿真。天线建模,是指根据给定的天线类型、结构和馈电条件,求解天线的辐射特性和阻抗特性。

1.1.2 超短波无线信道传播模型

在超短波频段,多种传播机制可能同时存在,在特定情况下会依赖许多因素,如频率、天气、时间、通信业务类型、距离、调制方式和地形地物环境等。总体来说,对超短波通信而言,主要有视距传播模型、绕射传播模型、地面反射和散射传播模型、多径传播模型、大气折射传播模型、大气波导传播模型、对流层散射传播模型等。

1) 视距传播模型

当传播路径两端点之间没有障碍物阻挡,或障碍物阻挡可以忽略时,通信双方为视距传播模型。视距传播模型不能简单地认为是自由空间传播,在视距传播情况下,除了要考虑空间扩展损耗(即自由空间损耗)外,还应考虑大气对无线电波的吸收损耗、地面或空中散射体对无线电波的反射、折射、散射和多径传播等。

2) 绕射传播模型

当传播路径两端点之间的传播余隙小于第一菲涅耳半径,即无线电波传播的空间受地面地物某种程度的阻挡时,就是绕射传播模型。其中,绕射损耗的大小与频率、余隙和障碍的位置和形状都有关系。尤其是出现负折射时,绕射损耗将非常严重。

3) 地面反射和散射传播模型

光滑的地面或地物对电波将产生镜面反射,为地面反射传播模型。粗糙的地面或地物则引起无线电波能量的散射,为地面散射传播模型,地面散射传播将会带来干涉衰落和能量损失。

4) 多径传播模型

由于大气层的反射、折射以及地面地物的反射和散射,在接收点接收到的信号将是多条射线合成的总效果,就是多径传播模型。这些多径射线具有各自不同的幅度和相位,它们的矢量合成将造成接收信号幅度的随机起伏,产生所谓的多径衰落现象,这是对无线电通信质量具有非常重要影响的传播现象。

5) 大气折射传播模型

由于对流层大气中折射指数沿高度的分布是不均匀的,无线电波的射线在大气中的轨迹是一条弯曲的路径,电波传播的速度也小于真空中的光速,为大气折射传播模型。这些效应将会引起所谓的折射误差和传播时延。

6) 大气波导传播模型

空气的对流、下沉、地面的辐射冷却和蒸发都可以形成大气波导。无线电波在大气波导中的传播为大气波导传播模型。大气波导传播类似于在金属波导中的传播,电波的衰减很小,可以传播到很远的地方。大气波导出现的概率与气象条件有关,在沙漠、平原和海上比较容易出现,不过概率通常都很小。电波在大气波导中传播的损耗与当地气象条件、频率、射线的出射角与到达角、距离和天线高度有关。

7) 对流层散射传播模型

对流层中大气气体的湍流运动,能够使得投射到湍流不均匀体上的无线电波能量产生散射,为对流层散射模型。当投射的能量很大且湍流很强时,这种散射既可作为有用信号的传播机制,也可能会对别的系统产生干扰。散射信号的强弱与频率、距离、气象条件和收发天线的增益有关。

1.1.3 无线信道模型参数

电波传播信道建模主要包括损耗、衰落、时延、多普勒频移、相位偏移等模型参数。其中损耗模型和衰落模型复杂性高,难度大,对电波传播的影响大,是开展研究分析的重点,因此,在后面的章节中,没有针对时延、多普勒频移、相位偏移等模型展开专门的研究分析。

1) 损耗模型

损耗模型表征的是信号在传输过程中由大至小的变化量。根据传播方式分为自由空间传播损耗模型、地面波传播损耗模型、天波传播损耗模型、地空传播损耗模型、海面波传播损耗模型等。

对于超短波通信电台来说,在陆地上其主要用于近距离通信,根据电台的发射功率、天线形式以及地形的不同,通信距离一般为数千米至数十千米;在海上主要用于船只近距离通信和舰空通信,水面通信距离为数千米至数十千米;在空中主要用于地空指挥和空中编队通信,工作频率在 100MHz 以上,地空通信距离随飞行高度而异,通常可达 120~350km;微波频段的地面通信一般为 50km 左右。

研究无线信道损耗模型,信道环境主要包括地球大气(主要是对流层)和地面及其覆盖物所形成的自然环境,大气无线电噪声、人为噪声、人为干扰等组成的电磁环境对无线电波传播的影响,以及受影响的无线信道如何建模的问题。

2) 衰落模型

无线信道引起的信号衰落可以划分为慢变化的路径损耗和阴影衰落,以及快速变化的瑞利衰落。信道总的衰落是这三种衰落的叠加。

按照无线信道衰落模型表征的是信号在传输过程中幅度随时间的变化量,可分为大尺度衰落模型和小尺度衰落模型,也可分为平坦衰落模型和频率选择性衰落模型。

大尺度衰落模型主要包括路径损耗和阴影衰落。路径损耗是指信号强度随传播距离增加而成指数衰减。如果传播距离相同,则一般可认为其路径损耗也相同。阴影衰落是由传播路径上地形起伏以及建筑物的阻挡所造成的,这些障碍物对电波产生了屏蔽作用,因而使传输信号电平产生衰减。路径损耗描述了收发距离在几百米或上千米时,接收端信号电平强度的变化,而阴影效应则是描述数百波长距离内,接收信号功率的衰落。由于这两种衰落发生的传输距离比信号波长要长,因此,路径损耗和阴影衰落都被归为大尺度衰减。小尺度衰落模型用来描述短距离和短时间上信号电平的衰落,主要由信号的多径传播产生。小尺度衰落的机理是多普勒扩展和多径时延扩展。由于小尺度衰落距离(与大尺度衰落距离相比)较短,因此称为小尺度衰落。

平坦衰落模型经过信道传输后的信号波形所有频率分量都经历了相同的衰减,接收信号波形和原始信号波形相比没有失真。其信号周期远大于信道的时延扩展,也就是说,各频率分量在频谱上很接近,所以衰落幅度也比较接近。平坦衰落接收信号的多径分量是不可分辨的,这时,信号可以看作是通过单个衰落路径到达接收端的。根据多径信号中有无直达径,可将平坦衰落信道分为瑞利衰落信道和莱斯衰落信道,其中无直达径时称为瑞利衰落信道,有直达径时称为莱斯衰落信道。频率选择性衰落的每一径都相当于一个平坦衰落信道,因此可以看作是多个平坦衰落信道的叠加,频率选择性衰落有广义平稳非相关散射(Wide-Sense Stationary-Uncorrelated Scattering, WSSUS)模型。反之,频率选择性信道的条件是信号周期小于信道的时延扩展,也就是说,在频谱上各频率分量分隔较远,信道会对不同的频率分量产生不同的衰落,所以接收信号经历了多个可分辨径的衰落。所以说频率选择性信道的模型比平坦衰落信道的模型更复杂,它可以表示为多个可分辨径的组合,也就是多个不同时延的平坦衰落信道的组合。在这种条件下,多径分量是可以分辨的,可将频率选择性信道等效成其抽头系数是时变的多抽头延迟线滤波器模型。

3)时延模型

时延模型表征的是信号在传输过程中所需的时间。在无线信道建模中,时延模型分为信号传播时延模型和多径时延模型。

传播时延模型表示为

$$\tau = \frac{d}{v} \quad (1-1)$$

式中:d 为传播距离;v 为信号在传播介质中的传播速度。

多径时延模型为

$$\Delta\tau = \frac{\Delta}{v} \quad (1-2)$$

式中:Δ 为不同传播路径的路程差;v 为信号在传播介质中的传播速度。

由上面对时延种类的分析可知,传播时延可以在单条传输路径上叠加一个延时得到,处理多径时延时可以首先选定路程最短的路径为基准径,其他路径根据与基准径路程差的不同叠加不同的延时,最后再进行路径合成,完成对多径时延的模拟。因此,无论是传播时延还是多径时延,本质上都是要实现对单径的时延叠加。

4) 多普勒频移模型

多普勒频移模型表征的是信号发射端和接收端之间存在相对运动时,接收端接收到的信号频率发生的偏移量。多普勒频移是无线信道模拟的一个主要内容。从复信号角度来看,多普勒频移模型的实质是用一个频率偏移系数与信号相乘,多普勒频移模型为

$$f_\Delta = \frac{v \cdot \cos\theta}{c} \cdot f_0 \qquad (1-3)$$

式中:v 为收发端的相对移动速度;c 为光速;θ 为运动角度;f_0 为中心频率。

5) 相位偏移模型

相位偏移模型表征的是信号在传输过程中相位的偏移量,也是无线信道模拟的一个主要内容。从复信号角度来看,相位偏移的实质是用一个相位偏移系数与信号相乘,即

$$s_0' = s_0 \cdot C = s_0 \cdot e^{\theta_\Delta \cdot j} \qquad (1-4)$$

式中:C 为相位偏移系数。

1.1.4 超短波无线信道模型影响因素

超短波无线信道模型影响因素主要是信号的传输介质,主要有地球大气、地面特性、地面电特性、地形特性等。在分析电波传播问题中,地形地物对电波传播的影响是和地形地物的具体情况紧密相关的。例如,水面和没有农作物覆盖的平原地区的田野,地面反射可以很强烈,可引起很深的反射衰落;在森林地区和山区,地面反射很小;城市的房屋建筑会引起无线电波的反射、绕射和阻挡,产生严重的多径衰落和阴影衰落等。

1) 地球大气影响

通常情况下,超短波传播可以忽略电离层和同温层的影响,直接把它们视为自由空间传播,只有在超短波低端的频率上有时需要考虑电离层的某些二次效应。影响超短波传播的因素主要是对流层。

对流层对无线电波传播的影响主要取决于对流层本身的电磁特性。对流层的电磁特性是通过其对电波的折射指数来表征的,这个参数一般取决于空气的介电常数、电导率和磁导率,但是由于对流层的磁导率通常为1、电导率为0

(对 VHF 以上频段),因此折射指数仅取决于空气的介电常数,而介电常数是空气压力、温度和湿度的函数。由于在对流层中每时每刻都在进行着各种各样复杂的天气过程,所以空气的温度、压力和湿度等基本气象参数和折射指数都随时间与空间发生着各种各样的复杂变化。这些变化导致各种各样的传播现象,如射线路径的弯曲、电波出射角和到达角的变化、信号的延时、大气波导传播、多径传播、信号衰落、散射、聚焦和散焦效应、去极化、吸收和信号起伏等。这些传播现象可能严重地影响无线电波的幅度、相位、极化、时延、波速、频率、波长、波传播方向等,进而影响无线电通信业务的容量、质量和可靠性。

另外,对流层中还存在着各种形式的水凝体,如雨、雾、雪、雹等和沙尘,这些对于微波高端和微波以上频段会引起无线电波的衰减与散射,从而导致通信系统性能的降级或对其他通信系统带来干扰。

2) 地面特性影响

地球大陆地区表面被高原、山脉、沙漠和草原及其岩石、土壤和植被等覆盖,这些各种各样的地形和电磁特性不同的覆盖物是影响无线电波的另一个重要因素。

3) 地面电特性影响

由于地面可以看作是非磁性介质,其磁导率和真空相同,所以地面的电磁特性主要为电特性。地表各种介质的电参数(如介电常数和电导率)通常随含水量、盐分、温度和岩石的孔隙度而不同,并与电波频率有关,实际工程中与电波传播相联系的实际地面电特性,通常是综合传播主区内地形和电特性影响的等效电特性。常用的传播介质如海水、淡水、湿土和干土的地面等效相对介电常数为 80、80、10~30 和 3~4;其电导率分别为 1~4.3S/m、10^{-3}~2.4×10^{-2}S/m、3×10^{-3}~3×10^{-2}S/m 和 1.1×10^{-5}~2×10^{-3}S/m;森林的等效电导率为 10^{-3}S/m,大城市和山地的等效电导率为 7.5×10^{-4}S/m。

4) 地形特性影响

陆地地形可以按照地面的不规则度来度量。地形不规则度又称为地形粗糙度 Δh,定义为从传播电路的一个端点沿电路方向 10km 范围内 10% 与 90% 地形高度的差。按照该方法,可把陆地地形分为水面及非常平坦地形(Δh 为 0~5m)、平坦地面(5~10m)、准平坦地面(10~20m)、准丘陵地形(20~40m)、丘陵地形(40~80m)、准山区地形(80~150m)、山区地形(150~300m)、准峭山区地形(300~700m)、峭山区地形($\Delta h > 700$m)九类。

此外,对于陆地移动通信业务,常把陆地传播环境划分为市区、郊区、乡村公路、开阔区和林区,把城市环境更细地划分为高层密集建筑市区、密集建筑市区、市区和丘陵市区等。

1.1.5　无线信道建模方法分类

下面分别介绍无线电信道建模和天线建模的分类。

1）无线电信道建模方法分类

无线电信道模型往往反映的是非均匀分布的大气结构和不规则地球表面上的信号传播。针对不规则地球表面诸如海面、湖（河）面、干燥地面、潮湿地面等各种不同的地表形态，诸如山地、平原、丘陵和高大建筑物等起伏不平的地势地貌，电波在对流层中传播时会表现出反射、折射、绕射、透射和散射等不同的传播特性。由于这些传播特性具有很大的随机性，要准确预测复杂环境下的电波传播特性是相当困难的。尽管如此，出于工程技术和军事应用上的需要，人们还是建立了很多无线信道模型，总体来说，这些模型根据建模的方法，可以分为三类：统计模型、确定性模型和半经验半确定性模型。

(1) 统计性模型也称为经验模型，是建立在实际的测试数据上，将大量的测试数据进行统计分析后导出的模型公式。这类模型比较典型的有 Okumura-Hata 模型、ITU-R P1546 模型、ITU-R P528 模型、COST-Hata 模型、Lee 模型等。该类模型使用方法简单，并且不需要详细的环境信息，使用起来方便快捷，但对路径损耗的预测精度也不高，通常只应用于城镇、市郊这些场景小、距离短的小尺度电波传播特性预测。

(2) 确定性模型基于电磁理论直接用于特定环境的求解，是在严格的电磁理论基础上从麦克斯韦方程组导出的公式。根据电波传播的初始条件和边界条件，求解这些公式就可得到路径上的电波传播特性。初始条件由发射源决定，一般相对固定，边界条件则是由传播媒介与地表分界面的形状和电磁特性决定，通常随传播环境的变化而不同。一般来说，环境描述的精度直接决定了边界条件的精度，从而也最终决定了确定性模型的精度。由于确定性模型对具体环境中的电波传播特性有很高的预测精度，因而成为当前电波传播领域主要的研究方向。这类模型典型的有 Longly-Rice 模型、Durkin 模型、TIREM 模型、SEKE 模型等。这些模型一般用来预测不规则地形上电波远距离传播时的衰减特性，属于大尺度路径损耗预测方法。目前广泛使用的方法是射线跟踪法和抛物方程法（Parabolic Equation，PE）。

射线跟踪法是高频分析技术，也就是说，如果障碍物的尺寸远大于波长，并且观察点和物体之间的距离等于波长的许多倍，此技术才可以预测出准确的结果。射线跟踪法有镜象法、射线发射的射线跟踪法和射线管的射线跟踪法等，其中，射线跟踪的镜像法是利用光学镜像的原理来模拟电磁波的传播，镜像法是一种有效的点对点的射线跟踪方法，它从一开始就舍弃了那些不能到达接收点的射线,但这种方法在复杂环境中选择产生镜像的散射体非常困难,所以只能处理简单几何形状的环境,对环境的适应能力不强;射线跟踪的射线发射法也可以称为弹跳射线(Shooting and Bouncing Rays,SBR)法,射线发射法从发射机发射成百上千的测试射线,通过寻找靠近接收机的射线来确定真正的路径,故又称为"强力搜索"法。射线发射技术克服了镜像法在复杂地理环境下镜像数目显著增加的问题,但是也有自己的缺点,因为射线发射必须防止单一射线路径两次计入结果,由于重复的射线有相同的长度和到达角度,该问题一般的解决办法是应用附加滤波器来消除错误路径。另外,射线发射技术计算结果对引入的接收球半径很敏感,半径过大或过小都会严重影响计算结果;射线管发射算法是射线发射技术的一种变种,不需要接收球,只要把射线管所对应的功率添加到位于射线管内的接收点上即可,并且由于相邻射线的作用范围不会相交,因此不需要对每条射线检验它们是否多余。但是当射线管离发射机距离较远时,它的波前将变得很大,当此时其遇到拐角时,射线管的一部分将和拐角的另一个面相交,而另一部分将和拐角的另一个面相交,这样射线管将被分裂。如果射线管对每个面分裂成一个,则将导致较长的运算时间;而如果舍弃其中一部分,那么拐角附近将出现阴影区,这将会降低计算结果的准确性,在遇到劈绕射时也会遇到同样的问题。射线追踪模型并非适用于所有的场景,而较适合于在复杂的密集城区或室内场景中使用。

抛物方程法是一种前向全波分析方法,它能快速求解大区域电波传播问题,并且能精确地描述复杂的大气结构和复杂地表的电磁特性,能够准确地预测复杂环境的电波传播特性。抛物方程法是近年兴起的一种新型的电磁计算方法,它是从波动方程中推导出来的一种全波分析方法。抛物方程法不需要极远处的边界条件,故可引进"行进解",使抛物方程法先在零距离处求解,然后用前一距离处的解作为初场,以小距离间隔向远处求解。这样只要确定了上部边界条件和地面边界条件,就可求出任意远处的解,这种解本来就比需要知道一闭域上大量未知边界条件的求解容易计算。这样,对流层中的传播问题可以作为开域的边界值问题求解。这一方法可以很好地解决折射率的水平不均匀问题,所以在解决对流层波导传播问题时与其他方法相比具有优越性。同时,由于抛物方程法的下边界条件是由大气与地表分界面的形状和电磁特性决定的,大气变化的影响在数值求解过程中体现,故其不仅能够处理精确描述的复杂大气结构,而且能够处理复杂的地表起伏特性和电磁特性,是目前预测对流层大尺度电波传播特性最准确的模型。

(3)半经验半确定模型是把确定性方法用于特定环境时所导出的公式。先从确定性模型导出的公式入手,为了改善预测路径损耗精度,使理论预测与实验测量一致,需要对模型进行校正。这类模型中比较典型的有 Ikegami 模型、Walfish – Bertoni 模型、Xia – Bertoni 模型等。半经验半确定性模型比经验模型要求更详细的环境信息,但又少于确定性模型的要求,应用起来也比较容易,预测速度也很快,但显然,这也是个统计模型,预测精度不够高,通常只适用于特定地形环境中的电波传播预测。半经验半确定性模型在应用上类似于经验模型,主要用于城市小区和市郊的电波传播特性预测。

2) 天线建模方法分类

不同类型的天线有不同的分析方法,但各种天线分析方法的理论基础仍是对麦克斯韦方程组的求解,麦克斯韦方程组表现为积分或微分形式。针对这些积分或微分形式方程组的求解大致有三种方法,即严格解析法、近似解析法及数值分析法。

严格解析法就是把天线的源和空间电磁场视为整体,按天线本身所规定的边界条件求解,严格解析法包括严格建立和求解偏微分方程或积分方程。

近似解析法就是对严格模型应用了近似方法。针对线天线及面天线采用不同的近似方法进行建模。线天线建模方法就是把线天线分成若干基本电振子,利用基本电振子辐射场的叠加来求得复杂天线的辐射场。面天线建模方法就是把口径面分割成若干面元,即惠更斯元,所有面元的辐射之和就是整个口径面的辐射场。

数值分析方法包括矩量法、有限元法、时域有限差分法等,这些方法就是把微分、积分方程化为线性方程组,然后再用计算机求解。

1.2 无线信道仿真

超短波无线信道仿真主要是利用硬件设备模拟无线通信传播路径的传播损耗、衰落、时延、相移和多普勒频移等信道特性参数,以及设备的天线辐射特性。无线信道模型的逼真度和硬件实现的精度将直接影响仿真结果的准确性和可信度。

超短波无线信道仿真方法根据仿真设备的结构,通常有三种方法:一是射频输入 + 基带信道特性仿真;二是基带输入 + 基带信道特性仿真;三是射频输入 + 射频信道特性仿真。

1. 射频输入 + 基带信道特性仿真

信道模拟器输入的射频信号经过电平调节和 I、Q 正交下变频,在中频进行滤波和 A/D 变换,然后通过数字信号处理模拟信道特性,之后再进行滤波、D/A 变换和上变频处理,输出射频信号。其基本工作原理如图 1 – 1 所示。

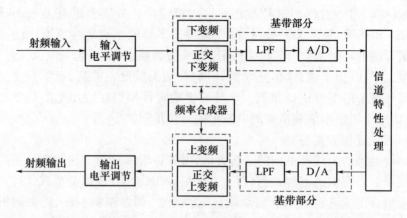

图1-1 射频输入+基带信道特性模拟器基本工作原理框图

以 Propsim C8(以下简称 C8)为例介绍,C8 是一种宽带的多通道仿真器,用于模拟发射机和接收机之间的无线信道。

C8 是工作于 350~3000MHz 的多用途信道模拟器,它由 8 个硬件配置相同的信道组成,每个信道具有 24 个可独立编程控制的抽头,抽头与抽头之间、信道与信道之间可以进行多种方式组合,以满足信道模拟和方向模拟的使用要求。C8 是具有 8 个独立通道的矢量信道模拟器,每个通道的原理性方框图如图1-2所示。

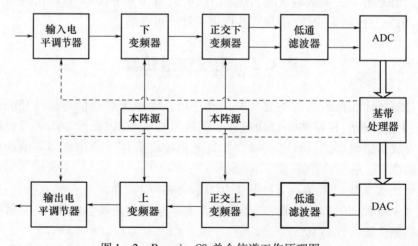

图1-2 Promsim C8 单个信道工作原理图

C8 中的每个信道的硬件由输入电平调节器、下变频器、正交下变频器、模数转换器、基带处理器、数模转换器、正交上变频器、上变频器和输出电平调节器组成。输入电平调节器是一组数控衰减器,在来自基带处理器的控制指令下,将信号电平调节至模数转换器所需要的电平,尽量使模数转换器工作在满量程而不过载,减小由于信号电平过低而产生的量化噪声。下变频器、正交下变频器、滤波器将经过电平调节的信号转变为基带信号,模数转换器对基带信号进行采样产生数字基带信号,基带处理器对数字基带信号根据预先设定的程序进行处理(模拟实际传播信道对信号产生的影响,主要为衰落、时延、相移、多普勒移频等),经过基带处理器处理过的信号再经过数模转换器、滤波、正交上变频、上变频、电平调节送入信号变换器。输出电平调节器也是一组数控衰减器,由于数据精度的要求,模数转换器和数模转换器应处于满载工作状态,而输出电平是需要变化的,所以加入输出电平调节器,以降低输出信号中的相对杂散电平。C8 中的基带处理器由一系列的数字信号处理器组成,通过一系列数字信号处理软件对信号进行所需处理。

2. 基带输入 + 基带信道特性仿真

该方法直接利用调制器产生基带信号,对基带信号进行数字化信道特性处理,再经过 D/A 变换和变频处理后输出射频信号。其基本工作原理如图 1-3 所示。

图 1-3 基带输入 + 基带信道特性模拟器基本工作原理框图

3. 射频输入 + 射频信道特性仿真

该方法把信道特性直接加载在射频源上,国内外都有相应的成熟产品。如卫星导航系统信号模拟器,一般能模拟多颗卫星星座的运行,在接收点的输入端,信号模拟器的输入信号为经过链路损耗、衰落、多普勒频移和时延后的射频信号。

1.3 无线信道建模与仿真现状

1.3.1 无线信道建模现状

无线信道传播模型可以用于通信系统的规划设计,随着当今移动通信技术的高速发展,城市电波传播特性和功率覆盖问题已经成为必须解决的问题,受到了国内外学术界的高度重视。国际和一些著名的通信公司都投入了大量的资金和人力对此领域进行研究。

1. 损耗建模现状

从 20 世纪 70 年代开始,国内外对无线信道电波传播损耗预测开展了广泛的研究,并建立了大量的损耗预测模型。损耗预测模型主要包括 Okumura 模型、Hata 模型、Egli 模型、Durkin 模型、CCIR 模型、COST - 231 模型、Lee 宏蜂窝模型、Longly - Rice 模型、Walfisch - Igkami 模型等。Okummura 模型是传播预测模型中的经典模型,它提出了一种传播预测的方法,后期出现的传播预测模型都是沿承该方法提出的。但是这些预测模型都是统计模型,都有自己的一些缺陷,忽略了特定传播环境的特殊性而得出的一个平均结果,在很多时候与实测值有很大的差别。如 Okummura 模型主要是由在日本东京测试的数据而得到的经验模型。

国际电信联盟(International Telecommunication Union,ITU)的无线电通信部门(RS,或称 ITU - R)制定了一套国际电波传播标准,是无线电通信研究组开展研究的成果,在无线通信信道建模与仿真应用中,指导意义最大的是 ITU - RP 系列模型。ITU - RP 系列模型包含无线电通信的传播预测方法、应用方法以及各种地球物理参数等。目前在用的 ITU - RP 系列建议书共包括 89 项,并进行不断改进和版本更新。其中 ITU - R P1546 主要基于实验数据的统计分析的 VHF/UHF 频段点到面电场强度预测,ITU - R P1812 主要基于确定性方法的 VHF/UHF 频段点到面电场强度预测,ITU - RP2001 为 30MHz ~ 50GHz 的频率范围提供了范围广泛的地面传播模型,其中包括非常适合在蒙特卡罗模拟中使用的衰落和增强方面的统计数据,ITU - R P617 对预测频率在 30MHz 以上且距离范围在 100 ~ 1000km 的超地平无线接力系统点对点路径损耗提供了传播模型,ITU - RP1411 对预测短距离户外业务(1km)提供了传播模型,ITU - RP530 对预测地面视距系统点对点路径损耗提供了传播模型。

在确定性模型方法中,主要是射线跟踪法和抛物线法这两种确定性损耗建模方法得到了较为广泛的应用。

1)射线跟踪法

目前,国外在射线跟踪算法研究成果的基础上已经开发成功了几种实用、方便、商业化的专业软件包,如 FASPRO、CINDOOR 和 EDX 公司的 EDX SignalPro 等。这些软件能够方便、快捷地对城市小区电波传播进行预测,可以较好地解决城市小区中的电磁波传播问题,尤其是 EDX 公司的 EDX SignalPro 还能对一些信道参数进行分析。

20 世纪 90 年代初,美国军事研究机构针对对流层大气环境下的电波传播问题开展了一系列的研究,开发了工程折射效应预测系统(Engineers Refractive Effects Prediction System,EREPS)与高级折射效应预测系统(Advanced Refractive

Effects Prediction System,AREPS)系统。EREPS 主要基于射线跟踪法来计算低空大气环境下电波的干涉、绕射、对流层散射和大气波导的折射效应,可以给雷达、电子战和通信系统提供电磁特性数据。AREPS 系统是在 EREPS 系统的基础上建立的,它主要基于抛物方程法(PE 法)来预测复杂大气环境、各种不规则地形以及动态海面的电波传播特性。因此,AREPS 在指挥自动化、雷达、电子战和军事通信系统中得到广泛的应用。

目前,大多数确定性模型基于射线跟踪法建立。这类模型中比较典型的有 Longly-Rice 模型、Durkin 模型、TIREM 模型、SEKE 模型等。这些模型一般用来预测不规则地形上电波远距离传播时的衰减特性,属于大尺度路径损耗预测方法。在应用时,这些模型都要根据发射机和接收机之间的地球大圆路径上的地形参数,通过建立各个子模型的方式来综合考虑电波传播时的反射、绕射、折射和散射等诸多传播机制。

Longly-Rice 模型用双径干涉模型预测无线电视距内的电波传播特性,用 Fresnel-Kirchoff 单刃峰模型预测孤立阻挡物对电波的绕射损耗,用前向散射理论预测电波的对流层散射传播,用改进算法方法预测双地平线路径的电波远地绕射损耗。

Durkin 模型和 TIREM 模型都与 Longly-Rice 模型类似。其中,TIREM 模型在计算无线电视距内的电波传播损耗时,选择平滑地面衍射损耗和反射区损耗的较小者,反射区域通过计算高出地面的直达路径余隙来判断。

SEKE 模型主要通过传播路径上的余隙大小来判断电波多径干涉区域、多峰绕射区域和光滑地表绕射区域,对这些区域建立相应的传播机制子模型,再通过加权的方法最终计算出整个路径上的电波传播衰减特性。

由此可见,这些基于射线追踪方法的大尺度路径电波传播损耗模型不仅需要根据具体环境数据建立反映各个传播机制的等效子模型,而且还要设定各个子模型的判据,因而都比较复杂,计算量也很大。除此之外,这些模型都是通过统计的方法来近似描述传播区域内复杂的大气结构和复杂的地表电磁特征,因此,其最终的预测结果也是统计性的,不具备实时预测功能。

在预测诸如城市小区或室内等小尺度路径上的电波传播特性时,基于 GTD 和一致性绕射理论(UTD)的射线跟踪方法得到了广泛的应用和研究。但由于射线跟踪法要根据地形地物的面、劈和顶点的位置来搜索主要的传播途径,因此,在不规则地形或建筑物表面上的面、劈和顶点数目巨大时,需要跟踪的射线就非常多,从而使得计算非常复杂,计算量也大。此外,人们还提出其他一些小尺度确定性模型的计算方法,如迭代不变性测试方法(MEI)、时域有限差分(FDTD)算法等。其中 FDTD 算法由于计算量太大,因而只能计算简单的、小尺度区域内的电波传播问题,不适合计算实际环境中的电磁环境特征;MEI方法计算量虽小,但目前只能进行二维(2D)预测,无法考虑地形、地貌以及建筑物的影响。

2)抛物方程法

国外对抛物方程法的研究最初可以追溯到20世纪40年代,Leontovich和Fock首先提出了PE算法的思想,随着数字计算机的出现,抛物方程方法首先在海洋声学传播领域取得了突破。1973年,Hardin和Tappert在声传播研究中提出抛物方程的分步傅里叶(Fourier – Split – Step)数值算法,该算法基于FFT技术,可快速求解复杂环境下远距离(超过几百千米)声音和无线电波的传播问题,此后,PE算法在声学和无线电波传播等领域获得广泛应用。刚开始PE方法应用于海上或平地形条件下的电波传播,不久发现该方法也可以处理不规则地形情况下的传播问题。20世纪80年代末到90年代,在Carig、Levy、Dockery、Barrios、Hitney等一大批学者的努力下,解决了求解复杂的对流层电波传播问题、求解PE的高效数值方法问题和宽角PE的FD算法求解等问题,极大地发展了对流层电波传播的PE模型,并应用到复杂环境下通信系统性能的预测中。

随着对更大区域实时传播预测的迫切需求,PE算法出现了混合算法,其中一种混合算法是结合射线追踪和抛物方程技术,首先由Hitney提出。随后,Levy建立了向前和向上步进计算的抛物方程混合模型。基于前一种混合模型思想,在20世纪90年代,美国空间和海军作战系统中心(Space and Naval Warfare Systems Center)大气传播分部的研究小组在"高级折射效应预测系统"(AREPS)项目中开始研究预测复杂环境下电波传播特性的PE模型。从1997年5月到2002年8月,他们先后完成了TPEM、APM等技术研究报告,其中TPEM是单一的NAPE模型,APM则是采用了Hitney混合算法的电波传播模型,其开发的以APM模型为核心的AREPS系统也已经装备美军。直到目前,该研究小组还在一直致力于PE模型的应用研究。

当前,PE算法仍得到持续研究和改进,PE算法的应用范围也得到了进一步拓展。除了在雷达和通信性能评估中的应用,PE还用来预测大气波导条件下海杂波及海杂波反演大气折射率、预测城市小区电波传播、全球定位系统(GPS)信号传播、大气波导对SAR的影响等。此外,由于PE算法是通过数值方法进行求解,其准确性需要验证,故从PE出现到现在,国外已完成或正在进行大量的实验来完成模型验证。

国内对PE方法的研究起步较晚且多数集中在水声传播领域,最近几年才逐渐在电磁计算领域得到关注,如中国电波传播研究所、国防科技大学等对PE、2DPE、WAPE以及3DPE方法进行较为深入的研究,在最近几年也组织开展了相应的试验验证工作。但总体来看,国内在计算电磁学领域对 PE 的研究力量还比较薄弱,研究深度也还有待加强。

2. 衰落信道建模现状

在衰落信道参数分析研究方面,目前采用的大多仍是基于大量测量数据来建立无线通信信道(特别是移动信道)的多径模型,进而对衰落信道的观测统计特性进行分析,如 Saleh 和 Valenzuela 提出的室内信道统计模型;或是对信道进行大量简化而得出信道的模型,如不考虑时延多径的单传播路径模型和考虑部分多径时延的 Rayleigh 衰落模型。由模型的建立过程可知,这种模型是很不精确的,需要有测量数据来改进。基于射线追踪方法的移动通信信道特征分析方法是近些年来随着射线追踪方法的发展而逐步发展起来的衰落信道参数分析方法。H. R. Anderson 等在这方面做了工作,如基于射线追踪的信道相关带宽的计算和信道的色散分析等。但是,基于射线追踪的衰落信道参数分析方法也继承了射线追踪算法在不规则地形或建筑物表面上的面、劈和顶点数目巨大时,计算复杂、计算量大的缺点,在大尺度区域内很难保证实时性。近些年来,随着 PE 方法研究的兴起,也出现了基于 PE 的衰落信道建模方法,如 V. Gadwal 和 A. Barrios 提出的基于 PE 的宽带波形传输信道的冲击响应函数解算方法,该方法可用来描述信号在多径信道中的时间扩散特性。总体来说,目前对衰落信道参数的确定性分析和测量方面的研究尚不充分,还需要做大量的研究工作。

1.3.2　无线信道仿真现状

无线信道仿真现状主要介绍信道模拟器与衰落仿真算法的研究情况。

1. 信道模拟器的研究

无线信道仿真设备也称为无线信道模拟器,功能主要是进行射频信号的无线电波传播模拟,在无线电设备的研究测试中具有广泛的应用。无线信道模拟器在国外有成熟的产品,设备的技术性能也不断优化,发展趋势是工作频段不断扩宽,信号带宽不断提高,物理通道数不断增多,其他如路径时延、多普勒频移等性能指标也大幅提升,以适应大多普勒频偏及频偏变化率模拟和长传输时延模拟,终端运动时延变化模拟以及多天线通信终端多维度无线信道的模拟。目前,国外的主要产品有安耐特通信有限公司(Anite)生产的 Propsim C8、F8 和 F32,安捷伦科技有限公司(Agilent)生产的 PXB N5106A,R&S 公司生产的 SMU200A,思博伦公司(Spirent)生产的 SR5500、VR5 等。

Propsim F8 是目前得到较多应用的无线信道仿真器,可为无线信道的测量、建模和仿真提供先进的测试工具。1 台仿真仪可支持多达 8 个物理衰落信道,32 个逻辑衰落信道,多台仿真仪可级联工作,同步精度与单体仿真仪相同,支持

125MHz 带宽下最大双向 4×4,单向 4×8、2×16 的 MIMO 信道仿真,支持常量、瑞利、莱斯等多种衰落模型,频率范围为 350MHz~6GHz,每条信道衰落路径数可达 24 条。

PXB N5106A 是完全参数化的信号传播环境模型仿真器,1 台仪表可实现基带生成、实时衰落和信号捕获的功能,每个衰落信道具有 160MHz 的处理带宽、24 条路径。

SMU200A 集成了矢量信号发生器和信道衰落器,主要用于移动通信或国防通信系统衰落信号的模拟,内部处理带宽为 160MHz,40 条路径,可实现 2×2 MIMO 的实时衰落。

SR5500 可实现 2×2MIMO 信道的仿真测试,工作频率为 400~2700MHz,最大射频带宽为 26MHz,信道延迟为 0~2000μs,分辨率为 0.1ns,相对路径损耗为 0~32dB。

国内信道模拟器也有代表性产品,中国电子科技集团公司第五十研究所研制有单通道信道仿真仪和多通道信道仿真仪,大唐联仪公司的终端无线信道模拟器,星河亮点公司的 4G 无线信道模拟器,创远公司和东南大学等单位也开展了无线信道模拟器样机的研制,这些产品攻克了一些关键技术。

2. 衰落仿真算法的研究

无线信道衰落模型分为大尺度衰落和小尺度衰落两种,大尺度衰落包括路径损耗和阴影衰落。针对路径损耗,Okumura 等对其进行了大量的信道测量,并用一系列曲线的形式给出了不规则条件下相对于自由空间传播的损耗中值。在后续的研究中,M. Hata 将 Okumura 的曲线拟合为经验公式,形成 Hata 模型。随着通信场景的丰富和通信频段的变化,相继有多种路径损耗模型被提出,如用于 GSM 和 PCS 系统的 COST231-Hata 模型、用于预测街道平均场强的 Walfisch-Bertoni 模型以及用于建筑物高速近似一致的城区环境 COST231 Walfisch-Ikegami 模型等。对于阴影衰落,J. D. Parsons 等在文献的研究中表明,阴影衰落呈现对数正态分布,并已被实测数据证实。

小尺度衰落由多径效应和信道时变性引起,目前对小尺度衰落模型的研究中,根据发送信号在频域上受到的影响把信道分成两类:一类是平坦衰落信道模型;另一类是频率选择性信道模型。仿真平坦衰落信道主要是体现信道的多普勒扩展和包络统计特性,其方法包括成形滤波器法和正弦波叠加法两种。成形滤波器法通过对独立复高斯白噪声随机过程进行滤波得到衰落因子,该方法仿真效果较好,但是运算量较大。

正弦波叠加法通过无限个加权谐波的叠加生成衰落因子,R. H. Clark 在 1968 年建立了经典的 Clarke 模型。该模型是针对小尺度平坦衰落物理信道建立的一种数学模型,其关注点在于建立的数学模型统计特性与物理模型是否一致。Clarke 模型的统计特性与实际信道的物理特性很吻合,所以人们对无线信道仿真模型研究时以 Clarke 统计模型为参考对象。在使用 Clarke 模型进行仿真时,由于正弦波数量过多使得仿真效率很低,为此,人们做了很多改进,其中最著名的是 Jakes 模型。Jakes 模型提出正弦波到达角是对称的假设,因此能够使用较少的谐波叠加产生衰落因子,计算复杂度较低,得到了广泛应用。

Bello 在对频率选择性信道建模的研究中作出了两个假设:①时变冲激响应 $h(\tau,t)$ 是关于时间 t 广义平稳的;②不同传播时延的散射分量是不相关的。在这两个假设下,频率选择性信道的建模被大大简化了,这种模型称为广义平稳非相关散射(Wide-Sense Stationary Uncorrelated Scattering,WSSUS)模型。由于 Jakes 模型是一种确定性模型,它用一个确定过程逼近随机过程,是非广义平稳的。因此,在信道模型的研究领域中,人们为了可以构建出具有 WSSUS 特性的平坦衰落模型进行了大量的研究。M. F. Pop 和 N. C. Beaulieu 引入随机平均分布相位,解决了信道非平稳性问题,但仍不能生成多径非相关信道。Y. R. Zhang 和 C. S. Xiao 对其进行改进,改进的方法是在各个正弦波加入不相关的随机初始相移,并对每个正弦波的多普勒频移也作随机化处理,大大改善了 Rayleigh 衰落信道正交分量间的非相关性。为了得到一个具有 WSSUS 特性的 Rice 衰落信道仿真模型,Y. R. Zhang、C. S. Xiao 和 N. C. Beaulieu 在仿真模型的基础上,加入具有随机初始相位以及固定入射角度的正弦波。对于非视距分量随机多普勒频移的处理上,该仿真模型中同相分量与正交分量的初始相位是一致的,因此,在减少正弦波数的同时,可以得到与 Clarke 参考模型一致的统计特性,而且令同相分量与正交分量之间不相关。

随着多天线技术的流行,研究热点由单天线系统转向了多输入多输出(Multi Input Multi Output,MIMO)系统。Bell 实验室 I. E. Telatar 和 G. J. Foschini 通过研究证明,白高斯信道条件下,多天线 MIMO 技术可以大大提高信道容量。在关于信道容量研究的基础上,G. J. Foschini 等提出了分层空时编码技术,并建立了 BLAST 多天线 MIMO 实验系统。自从 1998 年 R. B. Ertel 等发表对空间信道模型的文章以来,MIMO 无线信道建模一直以来都是研究热点,目前,国际和国内很多商业机构与科研院校都争相对 MIMO 无线信道进行了深入的研究。

加州大学伯克利分校电子工程与计算机科学系 D. N. C. Tse 教授主要研究 MIMO 无线通信系统、信道容量、分集和复用技术等。

加州大学圣迭戈分校电子与计算机工程系 T. A. Svantesson 博士从事 MIMO 系统与无线传播的研究,并提出了一种 MIMO 信道模型。

犹他州杨百翰大学电子与计算机工程系无线研究组的 J. W. Wallace 和

M. A. Jensen 教授从事天线、无线传播和 MIMO 信道建模等技术的研究，建立了 MIMO 实验平台，并进行了大量的实际信道测试。

弗吉尼亚理工大学移动和便携无线电 MPRG 研究小组 T. S. Rappaport 博士从事无线通信、信道模型与智能天线的研究。

在国内，清华大学、电子科技大学、北京邮电大学、东南大学、中兴通讯、华为公司等研究机构也在积极地进行 MIMO 技术研究，对 MIMO 信道进行了大量的研究与现场测试，提出了多种编码算法与信道模型。

在理论研究的基础上，国际上很多研究机构在不断积极推动 MIMO 技术研究的同时，逐步将 MIMO 无线传播模型标准化和规范化，如 3GPP – 3GPP2 与 Lucent、Nokia、Ericsson 等公司联合提出的 SCM 模型，由欧盟在 WINNER 项目中提出的针对 B3G 的扩展模型——SCME 模型，IST – WINNER 提出的 WINNER 信道模型等。

第 2 章
超短波信道传播损耗模型

无线通信的收、发天线之间主要存在三种效应,即传播损耗、阴影效应、衰落。传播损耗是一种确定性效应,依赖于收发信机之间的传播路径、采用的频率及附加的外部环境,如障碍物等。由于无线信道的极度随机性,对无线信道的预测和建模历来是无线通信中的难点。目前,对传播损耗模型的研究,一般集中于距发射机一定距离处平均接收信号场强的预测,以及特定位置附近信号场强的变化。本章主要对目前在超短波无线通信领域应用较广泛的传播损耗模型进行介绍。

2.1 模型分类与 ITU 模型

2.1.1 模型的分类

超短波信道传播损耗模型的评估标准是所建立的模型与真实无线信道的吻合程度,在特性指标上与相应的仿真对象要良好地吻合。现有的传播损耗模型主要分为三类,即统计性模型、确定性模型、半经验或半确定性模型。

由于无线电波传输环境的多样性和复杂性,使得电波的传播特性也变得十分复杂,在许多情况下,难以用精确方法描述传播信道。因此,电波传播特性主要用统计方法描述,各国学者都试图用传播预测模型来对电波的传输特性进行预测,但是不同的传播预测模型是在不同传播环境的大量实测数据中归纳而得出的,所以每一种预测模型都有一定的适用范围。目前,在实际中得到较广泛应用的超短波传输损耗模型主要是统计性模型,如 Okumura – Hata 模型、COST 231 Hata 模型、Lee 模型、ITU P1546 模型、ITU P528 模型、Rood 模型等。确定性模型比较有代表性的是 ITU P1812 模型、光滑平坦地面传播模型、粗糙地面绕射损耗模型等。半确定性模型比较有代表性的是 Egli 模型、COST – 231 – Walfish – Ikegami 模型。常见模型分类与适用范围如表 2 – 1 所列。

表 2-1 模型分类与适用范围

模型分类	模型名称	适用范围
统计性模型	Okumura-Hata 模型	适用于区域对区域的经验传播预测模型,具体适用范围: (1) 30MHz≤f≤3000MHz; (2) 30m≤h_b≤200m; (3) 1m≤h_m≤20m; (4) 1km≤d≤100km; (5) 准平坦地形
	COST 231 Hata 模型	应用限于移动通信的宏蜂窝,具体适用范围: (1) 载波频率:1500~2000MHz; (2) 基站天线高度:30~300m; (3) 移动天线高度:1~10m; (4) 距离:1~20km
	Lee 模型	一种可用于市区和郊区的点对点经验模型,具体适用范围: 频率范围:150~2400MHz
	ITU P528 模型	适用于航空移动业务点对面路径损耗的计算,具体适用范围: (1) 工作频率为 125~6000MHz; (2) 斜距在 600km 以内; (3) 地面天线按 15m 估算
	ITU P1546 模型	适于地面点对面业务,用于陆地路径、海面路径和/或陆地—海面混合路径上损耗计算,具体适用范围: (1) 频率范围 30~3000MHz; (2) 有效发射天线高度小于 3000m; (3) 路径长度在 1~1000km
	Rood 模型	战术跳频情况下的传播模型,具体适用范围: (1) 频率范围 20~100MHz; (2) 路径长度 d<100km 的不规则地形
确定性模型	ITU P1812 模型	适于地面点对面业务,具体适用范围: (1) 具有基于地形剖面的详细分析数据; (2) 路径长度从 0.25km 到大约 3000km; (3) 收发天线高度都大约为 3km; (4) 频率范围为 30MHz~3GHz
	光滑平坦地面传播模型	适用于理想平坦光滑地面情况下的基本传输损耗,具体适用范围: (1) 频率范围 30~3000MHz; (2) 地面平坦光滑; (2) 低擦地角,或者说,入射角接近于 90°; (3) 入射线和地反射线均不受地形地物的阻挡
	粗糙地面绕射损耗模型	适用于不同情况下地面障碍绕射损耗的计算

续表

模型分类	模型名称	适用范围
半确定性或半经验模型	Egli 模型	适用于不规则地形上的无线传播模型,具体适用范围: (1)距离小于 50km; (2)频率在 40~900MHz; (3)地形起伏高度小于 15m
	COST-231-Walfish-Ikegami 模型	适用于高楼林立的城市地区,具体适用范围: (1)频率范围:800~2000MHz; (2)距离范围:0.02~5km

2.1.2 ITU 及其模型简介

国际电信联盟(ITU)是世界各国政府的电信主管部门之间协调电信事务方面的一个国际组织,其历史可以追溯到 1865 年。为了顺利实现国际电报通信,1865 年,法、德、俄、意等 20 个欧洲国家的代表在巴黎签订了《国际电报公约》,国际电报联盟(International Telegraph Union,ITU)也宣告成立。随着电话与无线电的应用与发展,ITU 的职权不断扩大。1906 年,德、英、美等 27 国代表在德国柏林签订了《国际无线电报公约》。1932 年,70 多个国家的代表在西班牙马德里召开会议,将《国际电报公约》和《国际无线电报公约》合并,制定《国际电信公约》,并决定在 1934 年 1 月 1 日起正式改称为"国际电信联盟"。1947 年 10 月 15 日,国际电信联盟成为联合国的一个专门机构,并将其总部迁至日内瓦。

ITU 目前由电信标准化部门(ITU-T)、无线电通信部门(ITU-R)和电信发展部(ITU-D)组成,承担实质性标准制定工作。无线电通信部门(RS,或称 ITU-R)研究无线通信技术与操作,确保所有无线电通信业务合理、平等、有效、经济地使用无线电频谱,不受频率范围限制地开展研究并在此基础上出版建议书,还行使世界无线电行政大会、CCIR 和频率登记委员会的职能。ITU-R 的核心工作是管理国际无线电频谱和卫星轨道资源。

国际电信联盟无线电通信部门为无线电通信全会奠定技术基础,起草 ITU-R 建议书(无线电通信标准)和报告,并编写无线电通信手册。

ITU-R 建议书构成国际电信联盟无线电通信部门制定的一套国际技术标准,是无线电通信研究组开展研究的成果。ITU-R 的建议书由国际电信联盟成员国批准,虽然建议书的实施并非是强制性的,但是建议书由来自世界各地主管部门、运营商和其他处理无线电通信事宜的组织的专家制定,因此享有很高的声誉,并在全世界范围内得到实施。

在无线通信信道建模与仿真应用中,指导意义最大的是ITU-RP系列建议书。ITU-RP系列建议书包含无线电通信的传播预测方法、应用方法以及各种地球物理参数等。目前在用的ITU-RP系列建议书共包括89项,并进行不断的改进和版本更新。

在30~3000MHz的VHF和UHF波段内,针对特定的无线电通信及其建模仿真应用,ITU-R提供了系列模型用于路径损耗的预测,较为常用的是如下模型。

(1)ITU-R P.452建议书对0.7 GHz以上频率的地球表面站之间的微波干扰的细节评估提供了指导。

(2)ITU-R P.530:对预测地面视距系统点对点路径损耗提供了指导。

(3)ITU-R P.617建议书对预测频率在30MHz以上且距离范围在100~1000km的超地平无线接力系统点对点路径损耗提供了指导。

(4)ITU-R P.1411:对预测短距离户外业务(1km)提供了指导。

(5)ITU-R P.1546:对预测主要基于实验数据统计分析的VHF/UHF频段点到面电场强度提供了指导。

(6)ITU-R P.1812:对预测主要基于确定性方法的VHF/UHF频段点到面电场强度提供了指导。

(7)ITU-R P.2001:为30MHz~50GHz的频率范围提供了范围广泛的地面传播模型,其中包括非常适合在蒙特卡罗模拟中使用的衰落和增强方面的统计数据。

2.2 统计性模型

2.2.1 Okumura-Hata模型

Okumura-Hata模型是经过不同阶段的修正和完善而获得的。Okumura模型最初是根据在日本近郊广泛测试的结果得到的一组经验曲线。因为Okumura模型的数据是由大量实测资料形成的,所以该模型已在全世界范围内得到广泛应用,利用修正因子可使它适用于非东京地区。20世纪60年代,Okumura等在东京近郊用宽范围的频率、几种固定站天线高度、几种移动台天线高度以及在各种各样不规则地形和环境地物等条件下测量信号强度,然后形成一系列曲线图表。研究的结果使该模型成为该领域中的标准。Okumura模型以曲线和图表的形式给出,不适合计算机处理。Hata通过对Okumura模型改进并拟合得到相应的经验公式。该模型的特点是以准平坦大城市市区的中值传输损耗为标准,在此基础上对其他传播环境及地形条件等因素分别用修正因子进行修正。

Okumura-Hata 传播损耗模型是经典的统计预测模型,主要用于点对面的传播预测,特别是移动通信的场强、干扰和覆盖预测。一般认为,Okumura-Hata 模型的统计预测误差为 7~8dB。

Okumura-Hata 模型如下式所示:

$$L_b = \begin{cases} 69.55 + A - s(a) & \text{市区} \\ 64.15 + A - 2\left(\lg\frac{f}{28}\right)^2 & \text{郊区} \\ 28.61 + A + 18.33\lg f - 4.78(\lg f)^2 & \text{开阔地} \\ 69.55 + A & \text{林区} \\ 48.38 + A + 9.17\lg f - \left(\lg\frac{f}{28}\right)^2 - 2.39(\lg f)^2 & \text{乡村} \end{cases} \quad (2-1)$$

式中:f 为频率,单位为 MHz;L_b 为移动通信电路的传输损耗,单位为 dB。

A 函数反映了基本传输损耗与频率、基站天线等效高度和距离的关系:

$$A = 26.16\lg f - 13.82\lg h_b + [44.9 - 6.55\lg h_b](\lg d)^\beta - a(h_m) \quad (2-2)$$

式中:$a(h_m)$ 为移动台天线高度修正因子,即

$$a(h_m) = \begin{cases} 1.1((\lg f) - 0.7)h_m - 1.56\lg f + 0.8 & \text{中等城市} \\ 8.29\lg^2(1.54h_m) - 1.1 & \text{大城市}, f \leq 200\text{MHz} \\ 3.2\lg^2(11.75h_m) - 4.97 & \text{大城市}, f > 400\text{MHz} \end{cases} \quad (2-3)$$

针对大城市,$a(h_m)$ 缺 200MHz < f ≤ 400MHz 的值,可按 f ≤ 200MHz 的模型来处理。

β 为距离大于 20km 的修正指数,即

$$\beta = \begin{cases} 1 & d \leq 20 \\ 1 + (0.14 + 1.87 \times 10^{-4} f + 1.07 \times 10^{-3} h_b')[\lg(d/20)]^{0.8} & d > 20 \end{cases}$$
$$(2-4)$$

式中:$h_b' = \dfrac{h_b}{\sqrt{1 + 7 \times 10^{-6} h_b^2}}$;$d$ 为基站到移动台之间的距离,单位为 km;h_b 为基站天线的等效高度,单位为 m;h_m 为移动台天线的等效高度,单位为 m。

$s(a)$ 为城市建筑物密度修正指数,即

$$s(a) = \begin{cases} 30 - 25\lg a & 5 < a < 50 \\ 20 + 0.19\lg a - 15.6(\lg a)^2 & 1 < a \leq 5 \\ 20 & a \leq 1 \end{cases} \quad (2-5)$$

式中:a 为建筑物相对密度。

Okumura – Hata 模型的适用条件如下：

(1) $30\text{MHz} \leqslant f \leqslant 3000\text{MHz}$；

(2) $30\text{m} \leqslant h_b \leqslant 200\text{m}$；

(3) $1\text{m} \leqslant h_m \leqslant 20\text{m}$；

(4) $1\text{km} \leqslant d \leqslant 100\text{km}$；

(5) 准平坦地形。

在不同传播距离和环境类型下，Okumura – Hata 模型的传播路径损耗中值如图 2 – 1 所示（假定发射机天线高度为 100m，接收机天线高度为 2m）。从图中可以看出，无论什么情况下，随着距离的增大，路径损耗值都逐渐变大。然而，相同距离时，城市环境损耗最大，自由空间环境损耗最小；并且，大城市与中小城市的损耗差别不大。通过对相同传播距离而不同工作频率引起的损耗相比较可知，工作频率越高，损耗越大；并且，从曲线的变化趋势可看出，距离对不同环境之间的损耗值之差影响不大。

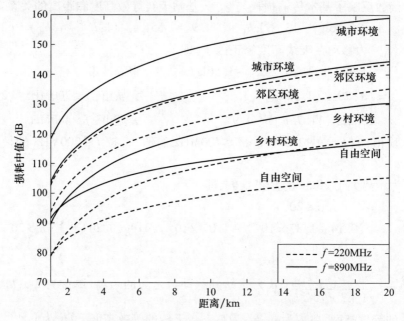

图 2 – 1 不同环境下 Okumura – Hata 模型计算的路径损耗

2.2.2 COST 231 Hata 模型

欧洲科学和技术合作组（COST）研究了对于频率为 2GHz 的移动通信，建立了 1500～2000MHz 频段上的 COST231 – Hata 模型，并定义如下：

$$L(\text{dB}) = 46.3 + 33.9\lg f - 13.82\lg h_t - \alpha(h_r) + (44.9 - 6.55\lg h_t)\lg d + C_M \quad (2-6)$$

式中：L 为中值路径损耗，单位为 dB；f 为频率（1500～2000MHz）；h_t 为基站高度，单位为 m；h_r 为移动台高度，单位为 m；d 为通信距离（1～20km），单位为 km；C_M 在中小城市或者郊区环境下为 0dB，而在大城市，C_M 为 3dB；$\alpha(h_r)$ 为移动天线高度修正因子，对于小城市和中等城市，$\alpha(h_r) = (1.11\lg f - 0.7)h_r - (1.56\lg f - 0.8)$，对于大城市，$\alpha(h_r) = 3.2(\lg 11.75 h_r)^2 - 4.97$。

COST231-Hata 模型适用于以下范围：

(1) 载波频率：1500～2000MHz；
(2) 基站天线高度：30～300m；
(3) 移动天线高度：1～10m；
(4) 距离：1～20km。

2.2.3　Lee 模型

Lee 模型由 William C. Y. Lee 于 1982 年提出，该模型的各种参数很容易在实测中得到，因此得到了广泛的应用。Lee 模型是一种可用于市区和郊区的经验模型，用来预测接收功率。Lee 模型的基本思想是：先把城市当成准平坦的，只考虑建筑物的影响，在此基础上再加上地形地貌的影响。Lee 模型将地形地貌的影响分成三种：无阻挡情况，有阻挡情况，有水面反射情况。

1. 建筑物对接收信号的影响

由于每个城市的建筑物及其布局各不相同，因而，在城市选定或高或低的位置，收集足够信号强度的测量数据。虽然所有数据的标准方差与地形的变化一致，但是，经过平均后得出的路径损耗曲线中却体现不出地形变化的影响，而是相当于把这些城市当成平坦地形，从而对路径损耗值进行概括。Lee 宏蜂窝模型建立在对大量的场强测量数据统计分析的基础上，使用了一致的路径损耗公式：

$$P_r = P_{r1} + (-r) \cdot d + \alpha_0 \quad (2-7)$$

式中：P_r 为接收功率；d 为收发天线之间的水平距离；r 为路径衰减因子；P_{r1} 为在特定城市中，当实测使用的基站天线为半波长天线、高为 x(m)、发射功率为 y(W) 时，1km 处的接收功率。

α_0 为修正因子，如下：

$$\alpha_0 = \left[\frac{h_t}{h_{tREF}}\right]^2 \frac{p_t}{p_{tREF}} 10^{\frac{G_t - G_{tREF}}{10}} \quad (2-8)$$

式中：h_t、P_t、G_t 分别是实际基站天线高度、基站发射功率和基站天线增益；h_{tREF}、P_{tREF}、G_{tREF} 分别是测量 P_{r1} 和 r 时的基站天线高度、基站发射功率与基站天线增益。

表 2-2 给出了当载波频率为 900MHz、发射天线高度为 30m、接收天线高度为 3m 时，参考接收功率 P_{r1} 和距离衰减因子 r 在不同地形情况下的取值。

表 2-2 参考接收功率 P_{r1} 和距离衰减因子 r

传播环境类型	P_{r1}/dBm	r/(dB/dec)
乡村	-57.0	40.3
森林或公园	-57.0	44.5
居民区	-57.0	47.0
郊区	-59.2	47.3
市区（建筑高度不到4层）	-61.5	35.4
市区（建筑高度15~25层）	-61.5	37.3
建筑物密集的市区（建筑物高度不到4层）	-61.5	55.8
建筑物密集的市区（建筑物高于6层）	-61.5	56.9

2. 地形地貌对接收信号的影响

(1) 无阻挡的情况。考虑地形的影响，采用基站天线的有效高度进行计算：

$$P_r = P_{r1} - \gamma \lg \frac{d}{d_0} + \alpha_0 + 20 \lg \frac{h'_b}{h_b} - n \lg \frac{f}{f_0} \qquad (2-9)$$

式中：h'_b 为基站天线有效高度，单位为 m；h_b 为基站天线实际高度，单位为 m；d_0 一般取 1km；f_0 一般取 850MHz；n 由 f 和 f_0 决定，满足

$$n = \begin{cases} 20 & f < f_0 \\ 30 & f > f_0 \end{cases}$$

由以上可得，无阻挡时的路径损耗为

$$\begin{aligned} L &= P_t + G_t - P_r \\ &= -P_{r1} + \gamma \lg \frac{d}{d_0} - 20 \lg \frac{h'_b}{h_{bREF}} + P_{tREF} + G_{tREF} - L(v) + n \lg \frac{f}{f_0} \end{aligned} \qquad (2-10)$$

式中：$L(v)$ 为由于山坡等地形阻挡物引起的衍射损耗。

(2) 有阻挡的情况：

$$P_r = P_{r1} - \gamma \lg \frac{d}{d_0} + \alpha_0 + L(v) - n \lg \frac{f}{f_0} \qquad (2-11)$$

此时的路径损耗为

$$\begin{aligned} L &= P_t + G_t - P_r \\ &= -P_{r1} + \gamma \lg \frac{d}{d_0} - 20 \lg \frac{h'_b}{h_{bREF}} + P_{tREF} + G_{tREF} + n \lg \frac{f}{f_0} \end{aligned} \qquad (2-12)$$

(3) 水面反射情况：

$$P_r = \alpha P_t G_t G_m \left(\frac{\lambda}{4\pi d}\right)^2 \quad (2-13)$$

式中：G_t 为基站天线增益，单位为 dB；G_m 为移动台天线增益，单位为 dB；λ 为波长，单位为 m；α 为移动无线环境引起的衰减因子（$0 \leq \alpha \leq 1$），如移动台接收天线通常低于周围建筑物而引入的衰减因子，当 $\alpha = 1$ 时，此时的路径损耗即为自由空间路径损耗。

2.2.4 ITU-R P.528 模型

ITU-R P.528 建议书《用于 VHF、UHF 和 SHF 频段的航空移动和无线电导航服务的传输曲线》是针对温和气候的，它给出了 125MHz、300MHz、1200MHz、5100MHz、9400MHz 在 5%、50%、95% 时间地空、空空航空业务的传输损耗。取如下限定。

(1) 选取 50% 时间的传输曲线，即中值衰减为传输损耗值。

(2) 工作频率为 125~6000MHz，其中 5100~6000MHz 的传输损耗用 5100MHz 频点的衰减值替代。

(3) 斜距在 600km 以内。

(4) 地面天线按 15m 估算。

(5) 每频率对应 $A \sim I$ 共 9 条曲线，对 6000MHz 频率，$F \sim I$ 计算 4 条曲线传输损耗拐点都大于 600km，按自由空间计算，各曲线对应收发天线高度如表 2-3 所列。

表 2-3　各曲线对应收发天线高度表

编号	H_1/m	H_2/m
A	15	1000
B	1000	1000
C	15	10000
D	1000	10000
E	15	20000
F	1000	20000
G	10000	10000
H	10000	20000
I	20000	20000

1. 曲线拟合

$L125(n)$、$L300(n)$、$L1200(n)$、$L5100(n)$（$n = 1,2,3,4,5$）分别为 125MHz、300MHz、1200MHz、5100MHz 对应的 A、B、C、D、E 曲线的传输损耗，L_f 为自由空

间传输损耗拟合公式及基于拟合公式绘制的曲线如图 2-2～图 2-5 所示。

(1) 125MHz：

$$L125(1) = \begin{cases} L_f & d \leqslant 50 \\ 127.47 - 25.53 \times \lg d + 0.48 \times d & 50 < d \leqslant 200 \\ 43.14 + 50.11 \times \lg(d) + 0.03 \times d & d > 200 \end{cases}$$

$$L125(2) = \begin{cases} L_f & d \leqslant 180 \\ 361.52 - 150.02 \times \lg d + 0.53 \times d & 180 < d \leqslant 330 \\ -92.46 + 99.73 \times \lg d + 0.009 \times d & d > 330 \end{cases}$$

$$L125(3) = \begin{cases} L_f & d \leqslant 280 \\ 1480.71 - 675.02 \times \lg d + 1.05 \times d & 280 < d \leqslant 470 \\ -257.07 + 172.82 \times \lg d - 0.07 \times d & d > 470 \end{cases} \quad (2-14)$$

$$L125(4) = \begin{cases} L_f & d \leqslant 360 \\ 483.63 - 173 \times \lg d + 0.23 \times d & 360 < d \leqslant 520 \\ -4089.28 + 1747.44 \times \lg d - 1.003 \times d & d > 520 \end{cases}$$

$$L125(5) = \begin{cases} L_f & d \leqslant 420 \\ 1601.84 - 677.58 \times \lg d + 0.72 \times d & 420 < d \leqslant 500 \\ -4488.92 + 1943.92 \times \lg d - 1.24 \times d & d > 500 \end{cases}$$

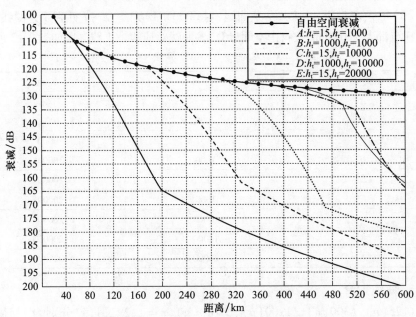

图 2-2　125MHz 基于拟合公式绘制的曲线

(2)300MHz：

$$L300(1) = \begin{cases} L_f & d \leq 50 \\ 166.11 - 45.85 \times \lg d + 0.56 \times d & 50 < d \leq 195 \\ 63.10 + 42.38 \times \lg d + 0.05 \times d & d > 195 \end{cases}$$

$$L300(2) = \begin{cases} L_f & d \leq 70 \\ 76.16 + 21.57 \times \lg d + 0.04 \times d & 70 < d \leq 250 \\ -2436.28 + 1221.74 \times \lg d - 1.42 \times d & 250 < d \leq 350 \\ 175 + 25/130 \times (d - 350) & d > 350 \end{cases}$$

$$L300(3) = \begin{cases} L_f & d \leq 141 \\ 94.03 + 11.98 \times \lg d + 0.037 \times d & 141 < d \leq 400 \\ -2751.85 + 1221.31 \times \lg d - 0.72 \times d & 400 < d \leq 470 \\ 175 + 15/130 \times (d - 470) & d > 470 \end{cases} \quad (2-15)$$

$$L300(4) = \begin{cases} L_f & d \leq 188 \\ 123.46 - 2.21 \times \lg d + 0.048 \times d & 188 < d \leq 530 \\ -15518.39 + 6656.27 \times \lg d - 4.66 \times d & d > 530 \end{cases}$$

$$L300(5) = \begin{cases} L_f & d \leq 241 \\ 96.77 + 10.86 \times \lg d + 0.029 \times d & 241 < d \leq 560 \\ 2706.94 - 1275.36 \times \lg d + 1.68 \times d & d > 560 \end{cases}$$

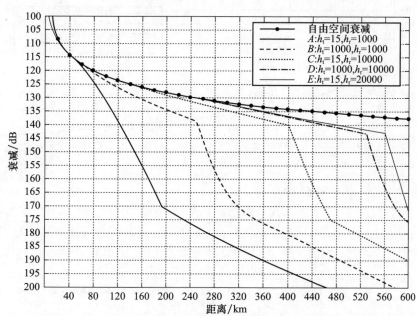

图 2-3 300MHz 基于拟合公式绘制的曲线

(3) 1200MHz：

$$L1200(1) = \begin{cases} L_f & d \leqslant 109 \\ -154.59 + 136.09 \times \lg d + 0.119 \times d & 109 < d \leqslant 200 \\ 17.53 + 68.45 \times \lg d + 0.038 \times d & d > 200 \end{cases}$$

$$L1200(2) = \begin{cases} L_f & d \leqslant 145 \\ 182.95 - 32.76 \times \lg d + 0.173 \times d & 145 < d \leqslant 260 \\ -2247.12 + 1114.34 \times \lg d - 1.132 \times d & d > 260 \end{cases}$$

$$L1200(3) = \begin{cases} L_f & d \leqslant 190 \\ 158.87 - 16.74 \times \lg d + 0.096 \times d & 190 < d \leqslant 400 \\ -6468.91 + 2913.43 \times \lg d - 2.391 \times d & d > 400 \end{cases}$$

$$L1200(4) = \begin{cases} L_f & d \leqslant 278 \\ 134.27 - 2.37 \times \lg d + 0.052 \times d & 278 < d \leqslant 520 \\ -12211.39 + 5240.58 \times \lg d - 3.589 \times d & d > 520 \end{cases}$$

$$L1200(5) = \begin{cases} L_f & d \leqslant 345 \\ 119.61 + 4.14 \times \lg d + 0.042 \times d & 345 < d \leqslant 560 \\ -49825.70 + 21228.55 \times \lg d - 15.222 \times d & d > 560 \end{cases}$$

(2-16)

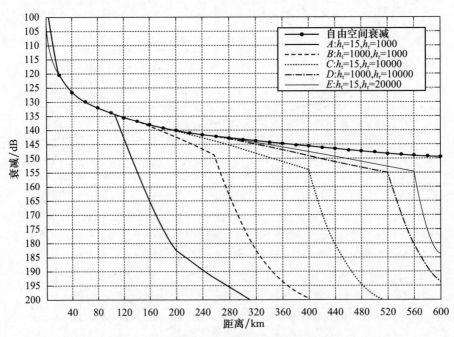

图 2-4 1200MHz 基于拟合公式绘制的曲线

(4) 5100MHz：

$$L5100(1) = \begin{cases} L_f & d \leq 84 \\ 262.74 - 84.448 \times \lg d + 0.53291 \times d & 84 < d \leq 128 \\ -998.6 + 602.62 \times \lg d - 0.92478 \times d & d > 128 \end{cases}$$

$$L5100(2) = \begin{cases} L_f & d \leq 110 \\ 145.83 - 5.5479 \times \lg d + 0.12 \times d & 110 < d \leq 258 \\ -30848 + 15332 \times \lg d - 23.12 \times d & d > 258 \end{cases}$$

$$L5100(3) = \begin{cases} L_f & d \leq 145 \\ 156.68 - 8.5349 \times \lg d + 0.078 \times d & 145 < d \leq 403 \\ -10722 + 4807.3 \times \lg d - 4.0617 \times d & d > 403 \end{cases} \quad (2-17)$$

$$L5100(4) = \begin{cases} L_f & d \leq 191 \\ 204.64 - 31.106 \times \lg d + 0.0958 \times d & 191 < d \leq 524 \\ -20954 + 8988.2 \times \lg d - 6.3325 \times d & d > 524 \end{cases}$$

$$L5100(5) = \begin{cases} L_f & d \leq 255 \\ 291.35 - 69.473 \times \lg d + 0.122 \times d & 255 < d \leq 564 \\ -35623 + 155158 \times \lg d - 10.481 \times d & d > 564 \end{cases}$$

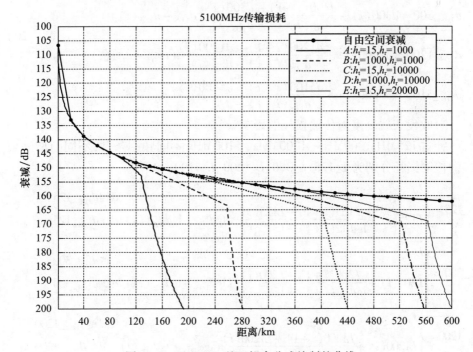

图 2-5　5100MHz 基于拟合公式绘制的曲线

2. 收发天线高度的影响计算

1）收发天线高度对应的拐点计算、被插值曲线的确定

对照基于拟合公式绘制的曲线，各频点曲线 $A \sim E$ 对应的拐点为

$$125\text{MHz}: d125[1,2,3,4,5] = [50,180,280,360,420]$$
$$300\text{MHz}: d300[1,2,3,4,5] = [50,70,141,188,241]$$
$$1200\text{MHz}: d1200[1,2,3,4,5] = [109,145,190,278,345]$$
$$5100\text{MHz}: d5100[1,2,3,4,5] = [84,110,145,191,255]$$

依据收、发天线高度，计算视距 d_{LOS}。小于 15m 的地面天线按 15m 计算。计算 $A \sim E$ 5 条曲线的视距为

$$d_{\text{LOS}}(n) = [146,260,427,542,598] \quad n=1,2,3,4,5 \quad (2-18)$$

依据 d_{LOS} 的大小，首先按照式（2-19）确定 i，再按照式（2-20）分别确定 125MHz、300MHz、1200MHz、5100MHz 不同频率条件下的视距插值 d_{LOS}_125、d_{LOS}_300、d_{LOS}_1200、d_{LOS}_5100，如下：

$$d_{\text{LOS}}(i) \leqslant d_{\text{LOS}} \leqslant d_{\text{LOS}}(i+1) \quad (2-19)$$

$$\begin{cases} d_{\text{LOS}}\_125 = d125(i) + \dfrac{d125(i+1) - d125(i)}{d_{\text{LOS}}(i+1) - d_{\text{LOS}}(i)}(d_{\text{LOS}} - d_{\text{LOS}}(i)) \\[6pt] d_{\text{LOS}}\_300 = d300(i) + \dfrac{d300(i+1) - d300(i)}{d_{\text{LOS}}(i+1) - d_{\text{LOS}}(i)}(d_{\text{LOS}} - d_{\text{LOS}}(i)) \\[6pt] d_{\text{LOS}}\_1200 = d1200(i) + \dfrac{d1200(i+1) - d1200(i)}{d_{\text{LOS}}(i+1) - d_{\text{LOS}}(i)}(d_{\text{LOS}} - d_{\text{LOS}}(i)) \\[6pt] d_{\text{LOS}}\_5100 = d5100(i) + \dfrac{d5100(i+1) - d5100(i)}{d_{\text{LOS}}(i+1) - d_{\text{LOS}}(i)}(d_{\text{LOS}} - d_{\text{LOS}}(i)) \end{cases} \quad (2-20)$$

2）收发天线高度对传输损耗的影响计算

针对 125MHz、300MHz、1200MHz、5100MHz 不同频率条件，不同距离 d 对应的传输损耗分别为 L_125、L_300、L_1200、L_5100，如下：

$$L\_125 = \begin{cases} L_f & d \leqslant d_{\text{LOS}}\_125 \\ L125(i) + \dfrac{L125(i+1) - L125(i)}{\lg d_{\text{LOS}}(i+1) - \lg d_{\text{LOS}}(i)}(\lg d_{\text{LOS}} - \lg d_{\text{LOS}}(i)) & d > d_{\text{LOS}}\_125 \end{cases}$$

$$L\_300 = \begin{cases} L_f & d \leqslant d_{\text{LOS}}\_300 \\ L300(i) + \dfrac{L300(i+1) - L300(i)}{\lg d_{\text{LOS}}(i+1) - \lg d_{\text{LOS}}(i)}(\lg d_{\text{LOS}} - \lg d_{\text{LOS}}(i)) & d > d_{\text{LOS}}\_300 \end{cases}$$

$$L\_1200 = \begin{cases} L_f & d \leqslant d_{\text{LOS}}\_1200 \\ L1200(i) + \dfrac{L1200(i+1) - L1200(i)}{\lg d_{\text{LOS}}(i+1) - \lg d_{\text{LOS}}(i)}(\lg d_{\text{LOS}} - \lg d_{\text{LOS}}(i)) & d > d_{\text{LOS}}\_1200 \end{cases}$$

$$L\_5100 = \begin{cases} L_f & d \leq d_{\text{LOS}}\_5100 \\ L5100(i) + \dfrac{L5100(i+1) - L5100(i)}{\lg d_{\text{LOS}}(i+1) - \lg d_{\text{LOS}}(i)}(\lg d_{\text{LOS}} - \lg d_{\text{LOS}}(i)) & d > d_{\text{LOS}}\_5100 \end{cases}$$

(2-21)

3. 频率的影响计算

频率的影响计算如下：

$$L = \begin{cases} Ld\_125 + \dfrac{Ld\_300 - Ld\_125}{\lg 300 - \lg 125}(\lg f - \lg 125) & 125 \leq f < 300 \\ Ld\_300 + \dfrac{Ld\_1200 - Ld\_300}{\lg 1200 - \lg 300}(\lg f - \lg 300) & 300 \leq f < 1200 \\ Ld\_1200 + \dfrac{Ld\_5100 - Ld\_1200}{\lg 5100 - \lg 1200}(\lg f - \lg 1200) & 1200 \leq f < 5100 \\ Ld\_5100 + 20\lg(f/5100) & 5100 < f \leq 6000 \end{cases}$$

(2-22)

2.2.5 ITU-R P.1546 模型

2001 年，ITU-R 在 ITU-R P.370-7 建议书的基础上，结合 ITU-R P.529、ITU-R P.1146 以及点对点预测模型 ITU-R P.452 的研究方法，研究形成了 ITU-R P.1546 建议书，并取消了 P.370、P.529、P1146 建议书。ITU-R P.1546《30MHz 至 3 000MHz 频率范围内地面业务点对面预测的方法》先后于 2003 年、2005 年、2007 年、2009 年、2013 年进行了修订和更新，目前最新版本为 ITU-R P.1546-5。ITU-R P.1546 建议书提出了一种十分详尽的电波传播预测方法，用于 30~3000MHz 范围内地面业务点对面无线电传播的预测，简称为"1546 模型"，世界上许多国家和地区都采用该建议作为指导 UHF 和 VHF 波段传输场强与传播损耗预测的标准。

该模型对 30~3000MHz 频率范围内地面业务点对面无线电传播的预测方法做了说明，适用于有效发射天线高度小于 3000m、路径长度为 1~1000km 的陆地路径、海面路径和/或陆地—海面混合路径上的对流层无线电电路，对广播、陆地移动、水上移动和某些固定业务（如那些采用点对多点的系统）中点对面的场强预测。该方法的基础是对经验导出场强曲线进行内插/外推，而该曲线是距离、天线高度、频率和时间百分比的函数。模型还包括对该内插/外推法所得的结果进行校正，以便纳入地形净空和地物遮挡对终端的影响。

ITU-R P.1546 提供了大量建立在实验数据统计分析基础之上的场强预测数据和推测方法，旨在为 VHF 和 UHF 波段地面无线电规划提供指导；同时，为提高场强预测的精度提供了地形起伏、接收环境、接收地点概率变化等因素对场强预测影响的修正方法。该方法基于地形高度和地面覆盖（可选）、路径分类、距离、Tx 天线高度、频率、时间百分比、Rx 天线高度、离地高度角、位置百分比、折射倾斜度等输入参数，进行内插和外推，输出场强的预测值。

1. 标称参数

P.1546 中的场强预测值以传播曲线的方式给出，表明在标称频率分别为 100MHz、600MHz 和 2000MHz、1kW 有效辐射功率场强值下，场强作为各种参数函数的曲线关系，如图 2-6 所示。某些曲线指明与陆地路径参数间的关系，另一些曲线指明与海面路径参数间的关系。可应用特定的场强预测方法和步骤，对这些标称频率上得到的场强值实施内插或外推，以获得任一给定的所需频率的场强值。

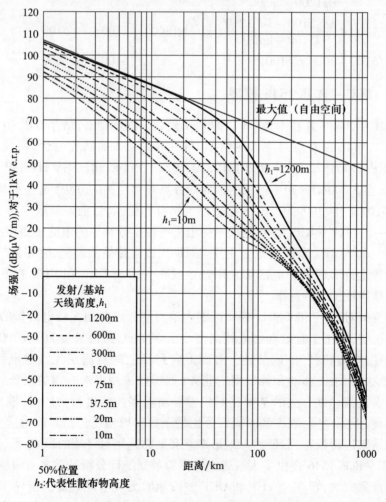

图 2-6 ITU-R P.1546 传播曲线示例

模型的标称参数包括以下几种。

(1)距离(km)。取值为1、2、3、4、5、6、7、8、9、10、11、12、13、14、15、16、17、18、19、20、25、30、35、40、45、50、55、60、65、70、75、80、85、90、95、100、110、120、130、140、150、160、170、180、190、200、225、250、275、300、325、350、375、400、425、450、475、500、525、550、575、600、625、650、675、700、725、750、775、800、825、850、875、900、925、950、975、1000。

(2)发射/基站天线高度(m)。模型中特指接收/移动台天线方向内3~15km距离间平均地形高度之上的天线高度。标准的天线高度取值10、20、37.5、75、150、300、600和1200。

(3)频率(MHz)。标称频率取值为100、600、2000。

(4)时间百分比(%)。在平常的一年中超过预测信号时间的比例。标准的时间百分比取值为50、10和1。

(5)路径特性。陆地、冷海(如在北海)、暖海(如在地中海)。

(6)接收/移动天线高度(m)。标称取值为10(海面或城郊地区)、20(城市地区)、30(稠密城市地区)。

2. 场强预测程序

从P.1546提供的场强曲线上可以直接读出场强值,为便于P.1546的计算机计算,ITU-R提供了制成表格的场强数据。如果输入参数与标称参数相同,则可直接得到此参数对应的场强值,省略内插或外推的程序;否则,应参照P.1546模型给出的逐步式程序,进行内插、外推、修正,可以得出所需的场强值。

其计算流程如图2-7所示。

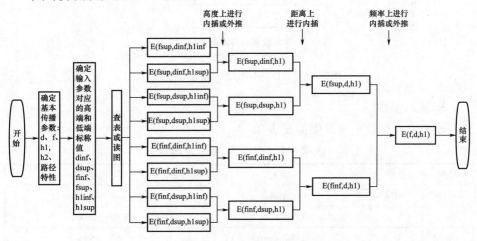

图2-7 ITU-R P.1546模型场强预测程序

如果要求的时间百分比不是标称的时间百分比,还要进行时间百分比的插值计算。但是一般在工程上,时间百分比取 50% 标称值,无需进行百分比的插值计算。为保证结果的精度,还需要对结果进行校正,纳入地形净空、地物遮挡等对传播的影响,模型校正程序如图 2-8 所示。如有需要,可对最终的场强值进行公式转换,得出传播路径上的等效基本传输损耗。

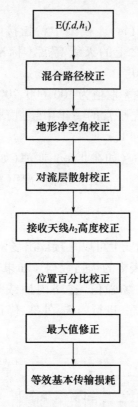

图 2-8　ITU-R P.1546 模型校正程序

3. 输入参数

模型输入参数定义及限值见表 2-4。

表 2-4　输入参数及其限值

参数	单位	定义	限值
f	MHz	工作频率	30～3000MHz
d	km	水平路径	不超过 1000km
p	%	时间百分比	1%～50%

续表

参数	单位	定义	限值
h_1	m	曲线中提到的发射/基站天线高度	陆地:没有下限值,上限值为3000m。海面:不小于1m,上限值为3000m
h_a	m	发射机天线距地面高度	大于1
h_b	m	地形高度之上的基站天线高度,平均值为0.2d 和 d,其中 d 小于15km且地形资料可用	无,但注意该参数仅对 $d<15$km 的陆地路径存在
h_2	m	接收/移动台天线距地面高度	陆地:不小于1m,且不大于3000m。海面:不小于3m,且不大于3000m
R_1	m	有代表性的地面散布物高度(在发射机周围)	无
R_2	m	有代表性的地面散布物高度(在接收机周围)	无
θ_{tca}	(°)	地形净空角	$0.55° \sim 40°$
$\theta_{eff}\, \theta_{eff1}\, \theta_{eff2}$	(°)	发射机/基站地形有效净空角	必须为正值

4. 场强的插值计算

1) 发射天线高度 h_1 的插值计算

(1) h_1 等于标称值。如果发射天线高度 h_1 的值与给出曲线的8个标称高度(即高度为10m、20m、37.5m、75m、150m、300m、600m或1200m)相符合,则从画出的曲线上或者从相关的表格中可直接得到所需的场强。

(2) h_1 为10~3000m的非标称值。应采用下面的公式从两条曲线上得到的场强中由内插或外推得出所需的场强:

$$E = E_{inf} + (E_{sup} - E_{inf}) \lg(h_1/h_{inf}) / \lg(h_{sup}/h_{inf}) \quad (2-23)$$

式中:如果 $h_1 > 1200$m,则 $h_{inf} = 600$m,否则 h_{inf} 取 h_1 之下最接近的标称有效高度;如果 $h_1 > 1200$m,则 $h_{sup} = 1200$m,否则 h_{sup} 取 h_1 之上最接近的标称有效高度;E_{inf} 为在所需距离上 h_{inf} 的场强值;E_{sup} 为在所需距离上 h_{sup} 的场强值。

必要时,应限制 $h_1 > 1200$m 时从外推中得出的场强,以使它不超出规定的最大值。

(3) 陆地路径,$h_1 < 10$m。对于陆地路径,$0 \leq h_1 < 10$m 时在所需距离 d 处的场强用下式计算:

$$E = E_{zero} + 0.1 h_1 (E_{10} - E_{zero}) \quad (2-24)$$

其中

$$E_{zero} = E_{10} + 0.5(C_{1020} - C_{h1neg10}) \quad (2-25)$$

$$C_{1020} = E_{10} - E_{20} \quad (2-26)$$

式中：$C_{h1neg10}$ 为 $h_1 = -10\text{m}$ 时在所需距离处的校正项 C_{h1}，单位为 dB；E_{10} 为 $h_1 = 10\text{m}$ 时在所需距离处的场强，单位为 dB(V/m)；E_{20} 为 $h_1 = 20\text{m}$ 时在所需距离处的场强，单位为 dB(μV/m)。

高度为负值时，应估计 C_{1020} 和 $C_{h1neg10}$ 两个校正项。

(4) 海面路径，h_1 为 1～10m。对于海面路径，h_1 不应小于 1m。计算要求 0.6 倍第一菲涅耳区的路径距离内海面没有障碍。由下面的公式给出：

$$D_{h1} = D_{06}(f, h_1, 10) \quad (2-27)$$

式中：f 是标称频率，单位为 MHz。

如果 $d > D_{h1}$，在发射/基站天线高度为 20m 的场合下，对海面路径还必须计算 0.6 倍菲涅耳间隔距离，由下面的公式给出：

$$D_{20} = D_{06}(f, 20, 10) \quad (2-28)$$

于是，对于所需的距离 d 和 h_1 的值，由下面的公式给出场强 dB(μV/m)：

$$E = \begin{cases} E_{\max} & d < D_{h1} \\ E_{Dh1} + (E_{D20} - E_{Dh1})\lg(d/D_{h1})/\lg(D_{20}/D_{h1}) & D_{h1} < d < D_{20} \\ E'(1 - F_S) + E''F_S & d \geq D_{20} \end{cases}$$

$$(2-29)$$

式中：$E_{\max}$ 为所需距离上的最大场强；E_{Dh1} 为距离 D_{h1} 上的 $E_{\max}$；E_{D20} 为 $E_{10}(D_{20}) + (E_{20}(D_{20}) - E_{10}(D_{20}))\lg(h_1/10)/\lg(20/10)$；$E_{10}(x)$ 为 $h_1 = 10\text{m}$ 时距离 x 处内插得出的场强；$E_{20}(x)$ 为 $h_1 = 20\text{m}$ 时距离 x 处内插得出的场强；E' 为 $E_{10}(d) + (E_{20}(d) - E_{10}(d))\lg(h_1/10)/\lg(20/10)$；$E''$ 为距离 d 的场强；F_S 为 $(d - D_{20})/d$。

2) 距离的场强内插

ITU-R P.1546 给出了场强与 1～1000km 距离范围之间的曲线关系。如果场强可从这些曲线图上直接读出，则不需要进行距离的内插。距离 d 与距离的标称值不符合时，应该对距离的对数坐标通过线性内插得到场强值 E (dB(μV/m))，公式如下：

$$E = E_{\inf} + (E_{\sup} - E_{\inf})\lg(d/d_{\inf})/\lg(d_{\sup}/d_{\inf}) \quad (2-30)$$

式中：d 为场强预测的距离；$d_{\inf}$ 为小于 d 的最接近的标称距离，单位为 km；$d_{\sup}$ 为大于 d 的最接近的标称距离，单位为 km；$E_{\inf}$ 为 $d_{\inf}$ 处的场强值，单位为 dB(μV/m)；$E_{\sup}$ 为 $d_{\sup}$ 处的场强值，单位为 dB(μV/m)。

当距离 d 的值小于 1km 或大于 1000km 时，P.1546 模型无效，不能使用此公式进行插值计算。

3) 频率的场强内场和外推

对于频率在 30～3000MHz 的非标称频率,所需的场强值应在标称频率值 100MHz、600MHz 和 2000MHz 的场强值间通过内插求得。频率低于 100MHz 或高于 2000MHz 时,必须将内插替换以从两个靠近的频率值上进行外推。

对于陆地路径,以及对于频率大于 100MHz 的海面路径,所需场强 E 的计算应采用下面的公式:

$$E = E_{\inf} + (E_{\sup} - E_{\inf})\lg(f/f_{\inf})/\lg(f_{\sup}/f_{\inf}) \qquad (2-31)$$

式中:f 为需做出场强预测的频率,单位为 MHz;$f_{\inf}$ 为低端标称频率($f<600$MHz 时为 100MHz,否则为 600MHz);$f_{\sup}$ 为高端标称频率($f<600$MHz 时为 600MHz,否则为 2000MHz);$E_{\inf}$ 为 $f_{\inf}$ 的场强值,单位为 dB(V/m);$E_{\sup}$ 为 $f_{\sup}$ 的场强值,单位为 dB(V/m)。

对于频率低于 100MHz、距离小于 $D_{06}(600, h_1, 10)$ 的海面路径,应采用如下公式给出的规范内插/外推方法:

$$E = \begin{cases} E_{\max} & d < d_f \\ E_{d_f} + (E_{d_{600}} - E_{d_f})\lg(d/d_f)/\lg(d_{600}/d_f) & d > d_f \end{cases} \qquad (2-32)$$

式中:$E_{\max}$ 为所需距离上的最大场强;E_{d_f} 为距离 d_f 上的最大场强;d_{600} 为按照 $D_{06}(600, h_1, 10)$ 计算出的 600MHz、0.6 倍菲涅耳间隔的路径处的距离;d_f 为按照 $D_{06}(f, h_1, 10)$ 计算出的在所需频率上 0.6 倍菲涅耳间隔的路径处的距离;E_{d600} 为在距离 d_{600} 处所需频率上的场强。

4) 时间百分比的场强内插

对于 1% 与 50% 时间内非标称时间百分比的场强值,应由内插进行计算,公式如下:

$$E = E_{\sup}(Q_{\inf} - Q_t)/(Q_{\inf} - Q_{\sup}) + E_{\inf}(Q_t - Q_{\sup})/(Q_{\inf} - Q_{\sup}) \qquad (2-33)$$

式中:$Q_t = Q_i(t/100)$;$Q_{\inf} = Q_i(t_{\inf}/100)$;$Q_{\sup} = Q_i(t_{\sup}/100)$;$E_{\inf}$ 为时间百分比 $t_{\inf}$ 的场强值;$E_{\sup}$ 为时间百分比 $t_{\sup}$ 的场强值;$Q_i(x)$ 为逆互补累积正态分布函数;t 为需做出场强预测的时间百分比;$t_{\inf}$ 为标称时间百分比下限;$t_{\sup}$ 为标称时间百分比上限。

ITU-R P.1546 仅对在 1%～50% 的范围内时间百分比的场强值有效。1%～50% 时间范围外的外推无效。

5. 场强的校正

1) 混合路径校正

混合路径的场强 E 由下面的公式给出:

$$E = (1-A) \cdot E_{\text{land}}(d_{\text{total}}) + A \cdot E_{\text{sea}}(d_{\text{total}}) \qquad (2-34)$$

式中:E 表示混合路径场强,单位为 dB(μV/m);$E_{\text{land}}(d_{\text{total}})$ 表示全陆地路径在

距离 d_{total} 处接收/移动天线高度上的场强,单位为 km;$E_{\text{sea}}(d_{\text{total}})$ 表示全海面路径在距离处接收/移动天线高度上的场强,单位为 km。

A 为混合路径内插系数,即

$$A = A_0 \left(F_{\text{sea}} \right)^V \tag{2-35}$$

式中:$A_0(F_{\text{sea}}) = 1 - (1 - F_{\text{sea}})^{2/3}$;$F_{\text{sea}} = \dfrac{d_{\text{sT}}}{d_{\text{total}}}$;$V = \max\left[1.0, 1.0 + \dfrac{\Delta}{40.0}\right]$,$\Delta = E_{\text{sea}}(d_{\text{total}}) - E_{\text{land}}(d_{\text{total}})$,$d_{\text{total}}$ 为传播路径总长度,按 $d_{\text{lT}} + d_{\text{sT}}$ 进行计算,单位为 km,d_{sT} 为海面与沿海陆地路径总长度,单位 km,d_{lT} 为陆地路径总长度,单位为 km。

2)地形净空角校正

对于陆地路径,以及当接收/移动台天线处于混合路径内的陆地路段上时,如果在特定地区内对于接收状态的场强预测需要更高的精度,如对一个小的接收地区的预测,则可以根据地形净空角得出校正量。

地形净空角 θ_{tca} 由下面的公式给出:

$$\theta_{\text{tca}} = \theta \tag{2-36}$$

式中:θ 是接收/移动台天线处视线的仰角,θ 的计算中应不计地球的曲率。对 θ_{tca} 应予以限制,以使它不小于 $+0.55°$ 或大于 $+40.0°$。

对场强要添加的校正量由下面的公式进行计算:

$$C = J(v') - J(v) \tag{2-37}$$

其中

$$J(v) = 6.9 + 20\lg\left(\sqrt{(v-0.1)^2 + 1} + v - 0.1\right), v' = 0.036\sqrt{f}, v = 0.065\theta_{\text{tca}}\sqrt{f}$$

3)对流层散射校正

考虑对流层散射时,场强取基本预测场强与对流层散射场强的最大值。

对流层散射场强为

$$E_{\text{ts}} = 24.4 - 20\lg(d) - 10\theta_{\text{s}} - L_{\text{f}} + 0.15N_0 + G_{\text{t}} \tag{2-38}$$

式中:$L_{\text{f}} = 5\lg(f) - 2.5[\lg(f) - 3.3]^2$,为频率相关损耗;$\theta_{\text{s}} = \dfrac{180d}{\pi ka} + \theta_{\text{eff}} + \theta$,为路径散射角,单位为 $(°)$;$N_0 = 325$ 为典型的温带气候表面折射率中值;$G_{\text{t}} = 10.1 \times [-\lg(0.02t)]^{0.7}$,为时间相关增强;$d$ 为所需距离的路径长度,单位为 km;k 为 4/3,中等折射条件下的有效地球半径系数;a 为 6370km,地球半径;θ_{eff} 为 h_1 终端的地形净空角,单位为 $(°)$;θ 为 h_2 终端的地形净空角,单位为 $(°)$;t 为所需时间百分比。

4)接收天线 h_2 校正

ITU-R P.1546 建议书中提供的陆地场强曲线及相关的列表值,是以接收/移动天线的高度 $R(m)$ 为基础给出的。R 的高度我们用接收地面周围典型覆盖

物高度 $R(m)$ 来代表,其最小值取 10m。如果接收机天线的实际高度 $h_2(m)$ 与 R 不同,则必须对场强值进行修正。

计算接收天线修正值的流程如图 2-9 所示,其中修正值(dB)在图中用 C 表示。

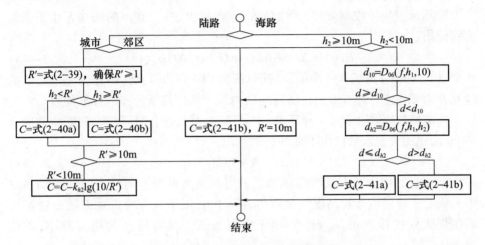

图 2-9 接收天线修正值的计算流程

图中涉及的计算公式和变量包括:h_1 为发射天线高度,单位为 m;h_2 为接收天线高度,单位为 m;d 为预测距离,单位为 km;f 为频率,单位为 MHz,即

$$R' = (1000dR - 15h_1)/(1000d - 15) \quad (2-39)$$

式中:城市 $R = 20\text{m}$;闹市 $R = 30\text{m}$;郊区 $R = 10\text{m}$;海上 $R = 10\text{m}$。

R' 值必须限制在 1m 以上,即

$$C = \begin{cases} 6.03 - J(v) & h_2 < R' \quad (a) \\ K_{h2}\lg(h_2/R') & h_2 \geqslant R' \quad (b) \end{cases} \quad (2-40)$$

式中:$J(v) = 6.9 + 20\lg(\sqrt{(v-0.1)^2 + 1} + v - 0.1)$,$v = K_{nu}\sqrt{h_{dif2}\theta_{clut2}}$,$h_{dif2} = R' - h_2$,$\theta_{clut2} = \arctan(h_{dif2}/27)$,$K_{nu} = 0.0108\sqrt{f}$;$K_{h2} = 3.2 + 6.2\lg f$,$f$ 为频率,单位为 MHz,即

$$C = \begin{cases} 0 & d \leqslant d_{h2} \quad (a) \\ C_{10}\lg(d/d_{h2})/\lg(d_{10}/d_{h2}) & d_{h2} \leqslant d < d_{10} \quad (b) \end{cases} \quad (2-41)$$

式中:C_{10} 为应用式(2-40b)并将 R' 设定于 10m 时距离 d_{10} 处所需 h_2 值的校正量;d_{10} 为传播路径的 0.6 第一菲涅耳区不受阻挡时的传播距离 $D_{06}(f,h_1,10)$;d_{h2} 为传播路径的 0.6 第一菲涅耳区不受阻挡时的传播距离 $D_{06}(f,h_1,h_2)$;h_2 为所需高度,即

$$D_{06} = \frac{D_f \cdot D_h}{D_f + D_h} \qquad (2-42)$$

式中:$D_f = 0.0000389 f h_1 h_2$,单位为 km;$D_h = 4.1(\sqrt{h_1} + \sqrt{h_2})$,单位为 km。

5) 位置百分比校正

对陆地上的接收/移动台天线位置而言,超出 $q\%$ 位置点的场强 E 由下面的公式给出:

$$E(q) = E(\text{median}) + Q_i(q/100)\sigma_L(f) \qquad (2-43)$$

式中:$E(\text{median})$ 为场强的中值,场强单位为 $dB(\mu V/m)$;$Q_i(x)$ 作为概率函数的逆互补累积正态分布;σ_L 为在研究地区内局部均值高斯分布的标准偏差。

标准偏差值取决于频率和环境,实验研究表明,它有明显的扩散度。500m × 500m 面积的代表性数值由下面的公式给出:

$$\sigma_L = K + 1.3 \lg f \qquad (2-44)$$

式中:$K = 1.2$,用于城市或城郊环境下采用车顶高度全方向性天线的移动系统中天线低于地面散布物高度的接收机,$K = 1.0$,用于具有接近地面散布物高度的屋顶天线的接收机,$K = 0.5$,用于农村地区的接收机;f 为所需频率,单位为 MHz。

6) 最大值修正

场强必须不超出最大值 $E_{\max}$,对于陆地路径:

$$E_{\max} = E_{\text{fs}} \qquad (2-45)$$

对于海面路径:

$$E_{\max} = E_{\text{fs}} + E_{\text{se}} \qquad (2-46)$$

式中:E_{fs} 为 1kW 有效辐射功率的自由空间场强,即

$$E_{\text{fs}} = 106.9 - 20 \lg d \qquad (2-47)$$

E_{se} 为海面曲线的增强值,即

$$E_{\text{se}} = 2.38[1 - \exp(-d/8.94)]\lg(50/t) \qquad (2-48)$$

d 为距离(km),t 为时间百分比。

原则上,任何使场强增大的校正不得容许产生的场强值大于所涉及的曲线族和距离方面的这些限值。

6. 等效基本传输损耗

经过插值及校正得到的场强值,经过如下公式可转换为传播路径上的等效基本传输损耗:

$$L_b = 139.3 - E + 20\lg f \qquad (2-49)$$

式中:L_b 为基本传输损耗,单位为 dB;E 为 1kW 有效辐射功率的场强,单位为 $dB(\mu V/m)$;f 为频率,单位为 MHz。

2.2.6 Rood 模型

Rood 模型是最具代表性的战术跳频情况下的传播模型,其适用条件是频率范围为 20~100MHz、路径长度 $d<100$km 的不规则地形。

发射机和接收机都在视距范围内的地面上,其路径损耗为

$$L = \frac{5.21^{-6}}{(fd)^4} \times \left(\frac{\varepsilon^2}{\varepsilon-1}\right)^4 \times \left[1 + 438\ (fh_t)^2 \times \frac{\varepsilon-1}{\varepsilon^2}\right] \times \left[1 + 438\ (fh_r)^2 \times \frac{\varepsilon-1}{\varepsilon^2}\right] \quad (2-50)$$

当收发之间存在一个障碍物时,其路径损耗为

$$L = 66.2 + 1070H/d - 7500(H/d)^2 + 0.00268f + 28.34\lg f + 0.879d - 0.00378d^2 \quad (2-51)$$

当收发之间存在一个以上的障碍物时,其路径损耗为

$$L = 119.9 + 287H/d - 11000(H/d)^2 + 0.00425f + 14.98\lg f + 0.54d - 0.00159d^2 \quad (2-52)$$

式中:ε 为介电常数;h_t 为发射机天线高度,单位为 m;h_r 为接收机天线高度,单位为 m;f 为工作频率,单位为 MHz;H 为障碍物高度,单位为 m;d 为路径长度,单位为 km。

2.3 确定性模型

2.3.1 ITU-R P.1812 模型

2007 年,ITU-R 推出了 ITU-R P.1812 建议书,并于 2009 年、2012 年、2013 年、2015 年先后进行了更新。ITU-R P.1812 建议书描述一种适于地面点对面业务的传播预测方法,其频率范围为 30MHz~3GHz,用于详细评估超过某特定时间百分比 $p\%$(其范围为 $1\% \leq p\% \leq 50\%$)以及某特定位置百分比 p_L(其范围为 $1\% \leq p_L \leq 99\%$)的信号水平。该方法提供了基于地形剖面的详细分析。

该方法适于预测使用路径长度从 0.25km 到大约 3000km 的地面线路的无线电通信系统,其两个终端距离地面的高度都大约为 3km。它不适于空地或天地无线电线路的传播预测。

与主要依据对实验数据进行统计分析建立的、基于经验模型的 ITU-R P.1546 建议书不同,ITU-R P.1812 建议书对预测主要基于确定性方法。

1. 输入参数

与 ITU-R P.1546 不同,基于确定性方法的 ITU-R P.1812 模型对衰减计算的输入参数要求比较严格和详细,要求能确定特定路径上的所需参数。输入参数要求明确收发天线处的经纬度坐标和地形、天线高度,以及传播路径上的地形剖面数据、无线电气象参数、路径特性、建筑物分布等。传播预测需要考虑的传播特性包括视距、衍射、对流层散射、不规则传播(管道和层面反射/折射)、地物的高增益变异、位置的可变性、建筑物入口损耗。

表 2-5 描述了基本的输入数据。

表 2-5 基本输入参数表

参数	单位	最小值	最大值	描述
f	GHz	0.03	3.0	频率
p	%	1.0	50.0	超过计算出的信号电平的年平均百分比
p_L	%	1	99	超过计算出的信号电平的位置百分比
φ_t,φ_r	(°)	-80	+80	发射机、接收机纬度
ψ_t,ψ_r	(°)	-180.0	180.0	发射机、接收机经度(正值=格林尼治东)
h_{tg},h_{rg}	m	1	3000	地面以上的天线中心高度
极化				信号的极化,如垂直或水平
w_s	m	1	100	街道宽度。除非已提供当地具体值,否则取值应为 27

2. 路径分类及参数说明

1) 有效地球半径

有效地球半径 a_p 的中值为 a_e,如下:

$$a_e = 6371k_{50} \tag{2-53}$$

$$a_\beta = 6371k_\beta \tag{2-54}$$

$$k_{50} = \frac{157}{157-\Delta N} \tag{2-55}$$

式中:k_{50} 为有效地球半径中值系数;β_0 为时间比例;a_β 为超过 β_0 时间的有效地球半径;k_β 为超过 β_0 时间的有效地球半径系数的一个估计值,一般取 3.0;ΔN 为平均无线电折射下降率。

一般有效地球半径在 50% 时间内 $a_p=a_e$,在 β_0% 的时间内 $a_p=a_\beta$。

2) 路径剖面

地形高度路径剖面及相关参数是传播预测计算的基础,与实际地形有关的各种参数如图 2-10 所示。

路径剖面相关参数及定义见表 2-6。

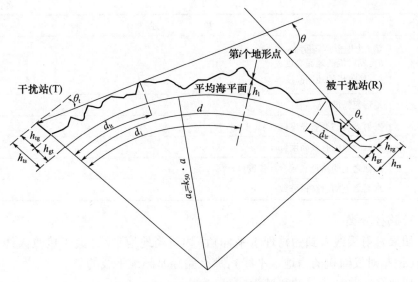

图 2-10 超地平线传播的路径剖面

表 2-6 路径剖面参数及定义

参数	描述
a_p	有效地球半径(km)
d	大圆路径距离(km)
d_{lt}	从发射天线到地平线的距离(km)
d_{lr}	从接收天线到地平线的距离(km)
d_{ii}	规则(即等间隔的)路径剖面数据的递增距离(km)
f	频率(GHz)
λ	波长(m)
h_{ts}	平均海平面之上(amsl)的发射机天线高度(m)
h_{rs}	接收机天线高度(m)(amsl)
θ_t	对超地平线路径,为自发射天线测得的、本地水平之上的水平仰角(mrad)。对视距路径,这应为接收天线的仰角
θ_r	对超地平线路径,为自接收天线测得的、本地水平之上的水平仰角(mrad)。对视距路径,这应为发射天线的仰角
θ	路径角距离(mrad)
h_{st}	发射站位置处的平滑地球表面的高度(amsl)(m)
h_{sr}	接收站位置处的平滑地球表面的高度(amsl)(m)

续表

参数	描述
h_i	第 i 个地形点高度 amsl(m) h_1:发射机的地面高度 h_n:接收机的地面高度
h_m	地形粗糙度(m)
h_{te}	发射天线的有效高度(m)
h_{re}	接收天线的有效高度(m)
d_b	水面之上的路径区域合计长度(km)
ω	水面之上的总路径分数:$\omega = d_b/d$

3) 路径分类

如果发射天线看到的物理水平仰角(相对当地地平线)大于接收天线相对的角(也相对发射机的当地地平线),那么路径是超地平线的。

超地平线路径条件的测试为

$$\theta_{\max} > \theta_{td} \tag{2-56}$$

$$\theta_{\max} = \max_{i=2}^{n-1}(\theta_i) \tag{2-57}$$

$$\theta_i = 1000\arctan\left(\frac{h_i - h_{ts}}{10^3 d_i} - \frac{d_i}{2a_e}\right) \tag{2-58}$$

$$\theta_{td} = 1000\arctan\left(\frac{h_{rs} - h_{ts}}{10^3 d} - \frac{d}{2a_e}\right) \tag{2-59}$$

式中:θ_i 为第 i 个地形点的仰角,单位为 mrad;h_i 为第 i 个地形点的高度,单位为 m;h_{ts} 为发射机天线的高度,单位为 m;d_i 为从发射机到第 i 个地形元素的距离,单位为 km;h_{rs} 为接收天线的高度,单位为 m;d 为总的大圆路径距离,单位为 km;a_e 为适用于路径的有效地球半径中值。

3. 预测程序

P.1812 的基本传输损耗计算过程是:首先根据特定传播路径的参数,确定传播特性,根据提供的公式计算路径的基本传输损耗;如果需要考虑末端环境、位置可变性、建筑物入口等对传输的影响,则按照公式计算附加损耗。基本传输损耗是不超过 $p\%$ 时间和 50% 位置条件下的基本传输损耗。

按照传播路径参数的不同,P.1812 分为不同的传播特性进行基本传输损耗的计算。

1) 与视距传播和海上分路径衍射有关的传输损耗

此时,理论上的最小基本传输损耗为

$$L_{\min b0p} = \begin{cases} L_{b0p} + (1-\omega)L_{dp} & p < \beta_0 \\ L_{bd50} + (L_{b0\beta} + (1-\omega)L_{dp} - L_{bd50}) \cdot F_i & p \geq \beta_0 \end{cases} \quad (2-60)$$

L_{b0p} 为不超过 $p\%$ 时间的、理论上的视距基本传输损耗，即

$$L_{b0p} = L_{bfs} + E_{sp} \quad (2-61)$$

$$L_{bfs} = 92.45 + 20\lg f + 20\lg d \quad (2-62)$$

$$E_{sp} = 2.6\left[1 - \exp\left(-\frac{d_{lt} + d_{lr}}{10}\right)\right]\lg\left(\frac{p}{50}\right) \quad (2-63)$$

式中：L_{bfs} 为自由空间传播而引起的基本传输损耗；E_{sp} 为对 $p\%$ 时间处的多径和聚焦效应进行的修正；$L_{b0\beta}$ 为不超过 $\beta_0\%$ 时间的、理论上的视距基本传输损耗，即

$$L_{b0\beta} = L_{bfs} + E_{s\beta} \quad (2-64)$$

$$E_{s\beta} = 2.6\left[1 - \exp\left(-\frac{d_{lt} + d_{lr}}{10}\right)\right]\lg\left(\frac{\beta_0}{50}\right) \quad (2-65)$$

式中：L_{bfs} 为自由空间传播而引起的基本传输损耗；$E_{s\beta}$ 为对 $\beta_0\%$ 时间处的多径和聚焦效应进行的修正；L_{dp} 为不超过 $p\%$ 时间的衍射损耗，即

$$L_{dp} = L_{d50} + (L_{d\beta} - L_{d50})F_i \quad (2-66)$$

L_{bd50} 为与衍射相关的中值基本传输损耗：

$$L_{bd50} = L_{bfs} + L_{d50} \quad (2-67)$$

F_i 为两个有效地球半径的衍射插值系数，即

$$F_i = \begin{cases} \dfrac{I(p/100)}{I(\beta_0/100)} & \beta_0\% < p < 50\% \\ 1 & p \leq \beta_0\% \end{cases} \quad (2-68)$$

式中：$I(x)$ 为逆互补累积正态分布作为概率 x 的函数。

2) 与视距和超地平线信号增强有关的传输损耗

理论上的最小基本传输损耗 $L_{\min bap}$（dB）为

$$L_{\min bap} = \eta \ln\left[\exp\left(\frac{L_{ba}}{\eta}\right) + \exp\left(\frac{L_{b0p}}{\eta}\right)\right] \quad (2-69)$$

式中：L_{ba} 为不超过 $p\%$ 时间的管道/层面反射基本传输损耗；L_{b0p} 为不超过 $p\%$ 时间的、理论上的视距基本传输损耗；$\eta = 2.5$。

不超过 $p\%$ 时间的、与管道/层面反射相关的基本传输损耗 L_{ba}（dB）如下：

$$L_{ba} = A_f + A_d(p) \quad (2-70)$$

式中：A_f 为天线和大气层内反常传播结构之间的固定耦合损耗总量（不包括地物损耗），即

$$A_f = 102.45 + 20\lg(f) + 20\lg(d_{lt} + d_{lr}) + A_{lf} + A_{st} + A_{sr} + A_{ct} + A_{cr} \quad (2-71)$$

式中:A_{lf}为解释导管传播衰减随波长增加的经验校正;f为频率,单位为 MHz,即

$$A_{lf}(f) = \begin{cases} 45.375 - 137.0f + 92.5f^2 & f < 500 \\ 0 & f \geq 500 \end{cases} \quad (2-72)$$

A_{st}、A_{sr}分别为发射站和接收站的站点屏蔽衍射损耗,即

$$A_{st,sr} = \begin{cases} 20\log(1 + 0.361\theta''_{t,r}(fd_{lt,lr})^{1/2}) + 0.264\theta''_{t,r}f^{1/3} & \theta''_{t,r} > 0 \\ 0 & \theta''_{t,r} \leq 0 \end{cases}$$

$$(2-73)$$

$$\theta''_{t,r} = \theta_{t,r} - 0.1d_{lt,lr} \quad (2-74)$$

A_{ct}、A_{cr}分别为对发射站和接收站所做的海平面上管道耦合修正,即

$$A_{ct,cr} = \begin{cases} -3\exp(-0.25d^2_{ct,cr})\{1 + \tanh[0.07(50 - h_{ts,rs})]\} & \omega \geq 0.75, d_{ct,cr} \leq d_{lt,lr}, d_{ct,cr} \leq 5 \\ 0 & \text{其他} \end{cases}$$

$$(2-75)$$

$A_d(p)$为不规则传播机制中取决于时间百分比和角距离的损耗,即

$$A_d(p) = \gamma_d \theta' + A(p) \quad (2-76)$$

其中

$$\gamma_d = 5 \cdot 10^{-5} a_e f^{1/3}, \theta' = \frac{10^3 d}{a_e} + \theta'_t + \theta'_r$$

$$\theta'_{t,r} = \begin{cases} \theta_{t,r} & \theta_{t,r} \leq 0.1d_{lt,lr} \\ 0.1d_{lt,lr} & \theta_{t,r} > 0.1d_{lt,lr} \end{cases} \quad (2-77)$$

时间百分比变异(累积分布)$A(p)$按下式计算:

$$A(p) = -12 + (1.2 + 3.7 \cdot 10^{-3}d)\lg\left(\frac{p}{\beta}\right) + 12\left(\frac{p}{\beta}\right)^\Gamma \quad (2-78)$$

$$\Gamma = \frac{1.076}{(2.0058 - \lg\beta)^{1.012}} \times$$

$$\exp[-(9.51 - 4.8\lg\beta + 0.198(\lg\beta)^2) \cdot 10^{-6}d^{1.13}] \quad (2-79)$$

$$\beta = \beta_0 \mu_2 \mu_3 \quad (2-80)$$

对路径几何所做的修正:

$$\mu_2 = \left(\frac{500}{a_e} \frac{d^2}{(\sqrt{h_{te}} + \sqrt{h_{re}})^2}\right)^\alpha \quad (2-81)$$

$$\alpha = -0.6 - \tau d^{3.1} \varepsilon \cdot 10^{-9} \quad (2-82)$$

其中

$$\varepsilon = 3.5$$

$$\tau = 1 - \exp(-0.000412d^{2.41}_{lm}) \quad (2-83)$$

式中:μ_3为对地形粗糙度所做的修正,即

$$\mu_3 = \begin{cases} 1 & h_\mathrm{m} \leqslant 10 \\ \exp[-4.6 \cdot 10^{-5}(h_\mathrm{m}-10)(43+6d_I)] & h_\mathrm{m} > 10 \end{cases} \quad (2-84)$$

$$d_I = \min(d - d_{\mathrm{lt}} - d_{\mathrm{lr}}, 40) \quad (2-85)$$

3) 与衍射和视距或管道/层面反射增强有关的传输损耗

与衍射和视距或管道/层面反射增强有关的、理论上的基本传输损耗 L_{bda}(dB):

$$L_{\mathrm{bda}} = \begin{cases} L_{\mathrm{bd}} & L_{\mathrm{minbap}} > L_{\mathrm{bd}} \\ L_{\mathrm{minbap}} + (L_{\mathrm{bd}} - L_{\mathrm{minbap}})F_k & L_{\mathrm{minbap}} \leqslant L_{\mathrm{bd}} \end{cases} \quad (2-86)$$

$$L_{\mathrm{bd}} = L_{\mathrm{b0p}} + L_{\mathrm{dp}} \quad (2-87)$$

$$F_k = 1.0 - 0.5\left[1.0 + \tanh\left(3.0\kappa \cdot \frac{(d-d_{\mathrm{sw}})}{d_{\mathrm{sw}}}\right)\right] \quad (2-88)$$

式中:L_{minbap} 为与视距传播和超地平线信号增强有关的、理论上的最小基本传输损耗;L_{bd} 为衍射不超过 $p\%$ 时间的基本传输损耗;F_k 为依据路径大圆距离值 d,计算得到的插值系数;d 为大圆路径长度单位为 km;d_{sw} 设为 20;κ 设为 0.5。

4) 考虑到衍射和视距或管道/层面反射增强的传输损耗

考虑到衍射和视距或管道/层面反射增强的、修改后的基本传输损耗 L_{bam}(dB):

$$L_{\mathrm{bam}} = L_{\mathrm{bda}} + (L_{\mathrm{minbop}} - L_{\mathrm{bda}}) \cdot F_j \quad (2-89)$$

$$F_j = 1.0 - 0.5\left[1.0 + \tanh\left(3.0\xi \cdot \frac{(\theta - \Theta)}{\Theta}\right)\right] \quad (2-90)$$

式中:L_{bda} 为与衍射和视距或管道/层面反射增强有关的、理论上的基本传输损耗;L_{minbop} 为与视距传播或海上分路径衍射有关的、理论上的最小基本传输损耗;F_j 为依据路径角距离值 θ,计算得到的插值系数;Θ 为用于确定相关接合部分角范围的固定参数,设为 0.3;ξ 为用于确定范围末端接合部分斜度的固定参数,设为 0.8;θ 为路径角距离单位为 mrad。

5) 忽略末端地物效应、不超过 $p\%$ 时间和 50% 位置的传输损耗

忽略末端地物效应、不超过 $p\%$ 时间和 50% 位置的基本传输损耗 L_{bu}(dB):

$$L_{\mathrm{bu}} = -5\lg(10^{-0.2L_{\mathrm{bs}}} + 10^{-0.2L_{\mathrm{bam}}}) \quad (2-91)$$

$$L_{\mathrm{bs}} = 190.1 + L_f + 20\lg d + 0.573\theta - 0.15N_0 - 10.125\left[\lg\left(\frac{50}{p}\right)\right]^{0.7} \quad (2-92)$$

$$L_f = 25\lg f - 2.5\left[\lg\left(\frac{f}{2}\right)\right]^2 \quad (2-93)$$

式中:L_{bs} 为不超过 $p\%$ 时间的、因对流层散射而引起的基本传输损耗;L_{bam} 为考虑到衍射和视距或管道/层面反射增强的、修改后的基本传输损耗;L_f 为取决于频率的损耗;N_0 为路径中心海平面折射率。

2.3.2 光滑平坦地面传播预测模型

在 30MHz～6GHz 频段,当无线电波在光滑平坦地面传播时,考虑自由空间扩散和地面反射的影响,常用的模型有理想平地模型、修正平地模型、理论平地传播模型和精确的二射线模型。

1. 理想平地模型

理想平地模型为

$$L_b = 120 + 40\lg d - 20\lg h_T - 20\lg h_R \tag{2-94}$$

式中:L_b 为无线电波在光滑平坦地面传播时的基本传输损耗,单位为 dB;d 为路径长度,单位为 km;h_T 为发端天线离地面的高度,单位为 m;h_R 为收端天线离地面的高度,单位为 m。

2. 修正平地模型

在考虑地面的电气特性,如电波极化、地面介电常数和电导率对地反射射线的影响时,对理想平地模型修正为

$$L_b = 120 + 40\lg d - 20\lg h_1 - 20\lg h_2 \tag{2-95}$$

式中:发方天线的高度 $h_1 = \sqrt{h_T^2 + h_0^2}$,单位为 m;收方天线的高度 $h_2 = \sqrt{h_R^2 + h_0^2}$,单位为 m;修正高度为

$$h_0 = \begin{cases} \dfrac{150}{\pi f}[(\varepsilon_r + 1)^2 + (18000\sigma/f)^2]^{1/4} & \text{对于垂直极化} \\ \dfrac{150}{\pi f}[(\varepsilon_r - 1)^2 + (18000\sigma/f)^2]^{1/4} & \text{对于水平极化} \end{cases} \tag{2-96}$$

式中:d 为路径长度,单位 km;h_T 为发端天线离地面的高度,单位为 m;h_R 为收端天线离地面的高度,单位为 m;f 为频率,单位为 MHz;ε_r 为地面的相对介电常数;σ 为地面的导电率,单位为 S/m。

3. 理论平地传播模型

理论平地传播模型满足以下 3 个条件。
(1) 地面光滑平坦。
(2) 低擦地角,或者入射角接近 90°。
(3) 入射线和地反射线均不受地形地物的阻挡。

此时,理想平地模型可以简化为

$$L_b = 120 + 40\lg d - 20\lg h'_T - 20\lg h'_R \tag{2-97}$$

式中:d 为路径长度,单位为 km;h'_T 为相对于反射面的发射天线等效高度,$h'_T = h_{11} - H_{33} - \dfrac{(d'_T)^2}{2\alpha_e}$,单位为 m;$h'_R$ 为相对于反射面的接收天线等效高度,$h'_R = h_{22} - $

$H'_{33} - \dfrac{(d'_R)^2}{2\alpha_e}$,单位为 m;$h_{11}$ 为发射站天线的海拔高度,单位为 m;h_{22} 为接收站天线的海拔高度,单位为 m;d'_T 为反射点到发射站的距离,单位为 km;d'_R 为反射点到接收站的距离,单位为 km;H'_{33} 为反射点地面的海拔高度,单位为 m;α_e 为等效地球半径,取 8500km。

4. 精确的二射线模型

接收点的场强是由发射点直射的场强和地面反射的场强相干形成的,这时的传播衰减中值除了自由空间的传播衰减外,还有直射波与反射波的相干衰减 A_i,即

$$L_b = L_{bf} + A_i \tag{2-98}$$

式中:L_{bf} 为自由空间传播衰减;A_i 为干涉衰减,即

$$A_i = -10\lg(1 + R_e^2 + 2R_e\cos\Phi_e) \tag{2-99}$$

式中:R_e 为等效反射系数的模;Φ_e 为电波经地面反射后到达的接收点。反射波相对于直射波的相位滞后是由两方面原因造成的:一方面是由于反射波与直射波之间的波程差造成的相位滞后;另一方面是电波经大地反射而造成的相位滞后。Φ_e 与 R_e 的计算方法如下。

1) Φ_e 的计算方法

$$\Phi_e = \Phi_r + \Phi_R \tag{2-100}$$

式中:Φ_R 为反射系数 R 的相位角,当收发间电路(考虑折射)仰角较低时,$\Phi_R \approx \pi$;Φ_r 为波程差造成的相位滞后,其计算公式为 $\Phi_r = 2\pi \cdot \Delta r/\lambda$。

干涉衰减 A_i 可表示为

$$A_i = -10\lg\left(1 + R_e^2 - 2R_e\cos\left(\dfrac{2\pi}{\lambda}\Delta r\right)\right) \tag{2-101}$$

式中:λ 为波长,单位为 m;Δr 为波程差,单位为 m,即

$$\Delta r = \dfrac{2 \cdot d_1 \cdot (d - d_1) \cdot \sin^2\varphi}{d} \times 10^3 \tag{2-102}$$

式中:d_1、$d - d_1$ 为反射点到信号发射点和接收点的距离,单位为 km,即

$$d_1 = \begin{cases} \dfrac{d(1-b)}{2} & h_1 \leq h_2 \\ \dfrac{d(1+b)}{2} & h_1 > h_2 \end{cases} \tag{2-103}$$

φ 为来波方向角,即

$$\varphi = \dfrac{[1 - m(1+b^2)](h_1 + h_2) \times 10^{-3}}{d} \tag{2-104}$$

$$m = \frac{d^2}{4a_e(h_1+h_2) \times 10^{-3}} \qquad (2-105)$$

$$b = 2\sqrt{\frac{m+1}{3m}} \cos\left\{\frac{\pi}{3} + \frac{1}{3}\arccos\left[3\frac{|h_1-h_2|}{h_1+h_2}\sqrt{\frac{3m}{(m+1)^3}}\right]\right\} \qquad (2-106)$$

式中:h_1、h_2 为发射和接收天线的高度,单位为 m;a_e 为等效地球半径,一般取 8500km;d 为收发两点之间的距离,单位为 km;m、b 为推导中的中间变量,无单位,没有特殊的物理意义。

2)R_e 的计算方法

这里的等效反射系数,其模除了与反射系数 R 的模有关外,还与球面的散射因子 D_f、地面的粗糙程度因子 ρ_s 有关,即

$$R_e = D_f \rho_s |R| \qquad (2-107)$$

式中:R 为等效反射系数,即

$$R = \begin{cases} R_H = \dfrac{\sin\varphi - \sqrt{\eta-\cos^2\varphi}}{\sin\varphi + \sqrt{\eta-\cos^2\varphi}} & \text{水平极化} \\ R_V = \dfrac{\eta\sin\varphi - \sqrt{\eta-\cos^2\varphi}}{\eta\sin\varphi + \sqrt{\eta-\cos^2\varphi}} & \text{垂直极化} \end{cases} \qquad (2-108)$$

η 为复介电常数,$\eta = \varepsilon_r - j60\lambda\sigma$,$\varepsilon_r$ 为地面相对介电常数,σ 为地面电导率,S/m。

D_f 为散射因子:

$$D_f = \sqrt{\frac{1}{1+\dfrac{2d_1(d-d_1)}{a_e d \sin\varphi}}} \qquad (2-109)$$

ρ_s 为粗糙程度因子:

$$\rho_s = \frac{1}{\sqrt{3.2x - 2 + \sqrt{(3.2x)^2 - 7x + 9}}} \qquad (2-110)$$

式中:$x = \dfrac{8\pi^2 s_h^2 \sin^2\varphi}{\lambda^2}$,$s_h$ 为镜反射点邻近第一菲涅耳区内地面高度的标准偏差,单位为 m。

2.3.3 粗糙地面绕射损耗预测模型

在无线电波传播的路径中,地面、地物对电波的阻挡会引起所谓的绕射损耗,绕射损耗的计算比较复杂,它与障碍物的形状、高度和电气特性有关,此外,还与障碍所处的位置、近地面大气折射状况、收发天线高度和无线电波的频率有关。

1. 单刃形障碍绕射衰减模型

在无线电路上的地形地物,主要包括单刃形、单圆顶形、双重和多重障碍物等。由于地形的复杂多变,一般是根据实际的障碍物形状把其近似看作某种典型地形,或几种典型地形的组合。刃形绕射模型是最简单也是很常用的绕射模型。许多山峰绕射损耗的实验测量结果与其理论计算结果非常符合。单刃形障碍绕射衰减如下:

$$L = L_{bf} + A_d \tag{2-111}$$

式中:L 为含单刃形障碍电路的传输损耗,单位为 dB;L_{bf} 为自由空间基本传输损耗,单位为 dB;A_d 为单刃形障碍绕射损耗,单位为 dB。

单刃形障碍绕射衰减为

$$A_d = \begin{cases} 6.9 + 20\lg\left[\sqrt{(v-0.1)^2+1} + v - 0.1\right] & v > -0.78 \\ 0 & v \leq -0.78 \end{cases} \tag{2-112}$$

式中:v 为余隙比:

$$v = \frac{H_c}{0.707 F_1} \tag{2-113}$$

式中:H_c 为障碍点余隙,单位为 m。障碍点顶端相对于电路直视线的高度,高于直视线为正,低于直视线为负,即

$$H_c = H_{33} + \frac{d_T d_R}{2\alpha_e} \times 10^3 - \frac{d_T(h_R + H_R) + d_R(h_T + H_T)}{d} \tag{2-114}$$

F_1 为第一菲涅耳半径,单位为 m,即

$$F_1 = 547.72\sqrt{\frac{d_T d_R}{f(\text{MHz})d}} \tag{2-115}$$

式中:d_T 为障碍点到发射站的距离,单位为 km;d_R 为障碍点到接收站的距离,单位为 km;$d = d_T + d_R$,为电路距离,单位为 km;h_T 为发射天线离地面的高度,单位为 km;H_T 为发射站地面离地面的海拔高度,单位为 km;h_R 为接收天线离地面的高度,单位为 km;H_R 为接收站地面离地面的海拔高度,单位为 km;H_{33} 为障碍点的海拔高度,单位为 km;α_e 为等效地球半径,取 8500km。

2. 城市建筑、村庄绕射损耗经验预测模型

在我国广大地区,中国电子科技集团公司第二十二研究所在 2GHz、6GHz 和 7.6GHz 频率上,对 31 条微波电路上的 42 个结构复杂的障碍进行了绕射传播测试。测试时,收、发端的天线按照一定的规则在铁塔上的轨道升降,均选择在晴朗天气大气混合比较均匀的当地时间 9:00~16:00 进行。

测试分 3 类,其中一类是通过城市的电路,其障碍为城市建筑物。对 3 条以城市建筑为主要障碍的电路进行了总结,结果如下:

$$L = L_{bf} + A_d \qquad (2-116)$$

式中:L 为含城市建筑为主要障碍的电路的传输损耗,单位为 dB;L_{bf} 为无线电波在光滑平坦地面传播时基本传输损耗,单位为 dB;A_d 为以城市建筑为主要障碍的绕射损耗,单位为 dB,即

$$A_d = 12.5 \times \frac{H_c}{F_1} + 7.2 \qquad (2-117)$$

式中:H_c 城市建筑为主要障碍点余隙,单位为 m。

在我国,村庄作为微波电路最普遍的障碍类型,其等效高度的均值大约为 10.8m,这也是传播电路测量的一个重要结果。

3. 球形地面绕射衰减模型

由于天线架设不够高,或者由于传播距离太远,使得传播电路成闭路状态,也就是说,接收点位于阴影区里。这时,计算中值衰减必须考虑大地绕射的影响。球形地面绕射衰减如下:

$$L = L_{bf} + A_d \qquad (2-118)$$

式中:L 为含球形地面绕射电路的传输损耗,单位为 dB;L_{bf} 为无线电波在光滑平坦地面传播时的基本传输损耗,单位为 dB;A_d 为球形地面绕射损耗,单位为 dB。它可以用一个经典的留数级数来表达,当距离较大时,只要取该级数的第一项即可。

球面地球的绕射损耗可以近似地表示为

$$A_d = -F[X(P)] - G[Y(t,P)] - G[Y(r,P)] \qquad (2-119)$$

$$T = t, r \qquad (2-120)$$

$$P = H, V \qquad (2-121)$$

式中:$F[X(P)]$ 为距离项,单位为 dB;$G[Y(t,P)]$ 为发射天线高度增益项,单位为 dB;$G[Y(r,P)]$ 为接收天线高度增益项,单位为 dB。

T 为电路端点,$T = t$ 对应于发射端,$T = r$ 对应于接收端;P 为极化参数,$P = H$ 对应于水平极化,$P = V$ 对应于垂直极化。

(1) 计算距离项,即

$$F[X(P)] = 11 + 10\lg X(P) - 17.6X(P) \qquad (2-122)$$

式中:$X(P)$ 为相对距离,即

$$X(P) = 2.2\beta(P) f^{1/3} \alpha_e^{-2/3} d \qquad (2-123)$$

式中:d 为电路距离,单位为 km;f 为频率,单位为 MHz,即

$$\beta(P) = \begin{cases} 1 & P = H \\ 1 & P = V, f \geq 20\text{MHz}, 陆地电路 \\ 1 & P = V, f \geq 300\text{MHz}, 海上电路 \\ \dfrac{1 + 1.6(K_V)^2 + 0.75(K_V)^4}{1 + 4.5(K_V)^2 + 1.35(K_V)^4} & P = V, 其他电路 \end{cases} \qquad (2-124)$$

式中:$(K_V)^2 \approx 6.89 \dfrac{\sigma}{k^{2/3}f^{5/3}}$;$\sigma$ 为地面的导电率,单位为 S/m;k 为等效地球半径因子,当缺乏当地无线电气象数据时,通常可取 4/3。

(2)计算天线高度增益项。$G[Y(t,P)]$、$G[Y(r,P)]$ 表示天线高度的效益,通常称为高度因子或高度增益。它们都是地面电参数、波长和电波极化形式的函数,即

$$G[Y(T,P)] = \begin{cases} 17.6(Y(T,P)-1.1)^{1/2} - 5\lg(Y(T,P)-1.1) - 8 & Y(T,P) \geq 2 \\ 20\lg(Y(T,P) + 0.1Y^3(T,P)) & 10K(P) \leq Y(T,P) < 2 \\ 2 + 20\lg K(P) + 9\lg\left[\dfrac{Y(T,P)}{K(P)}\right]\left[\lg\dfrac{Y(T,P)}{K(P)} + 1\right] & \dfrac{K(P)}{10} \leq Y(T,P) < 10K(P) \\ 2 + 20\lg K(P) & Y(T,P) < \dfrac{K(P)}{10} \end{cases}$$

$$(2-125)$$

其中

$$Y(T,P) = 9.6 \times 10^{-3}\beta(P)f^{2/3}a_e^{-1/3}h(T)$$

$$\beta(P) = \dfrac{1 + 1.6K^2(P) + 0.75K^4(P)}{1 + 4.5K^2(P) + 1.35K^4(P)}$$

$$h(T) = \begin{cases} h_t & T = t \\ h_r & T = r \end{cases}$$

h_t 为发端天线离地面的高度,单位为 m;h_r 为收端天线离地面的高度,单位为 m,即

$$K(P) = \begin{cases} K_H, & P = H \\ K_H[\varepsilon_r + (18000\sigma/f)^2]^{1/2} & P = V \end{cases} \quad (2-126)$$

$$K_H = 0.36(\alpha_e f)^{-1/3}[(\varepsilon_r - 1)^2 + (18000\sigma/f)^2]^{-1/4} \quad (2-127)$$

$\varepsilon_r^{\frac{1}{2}}$ 为地面的相对介电常数。

2.4 半确定性模型

2.4.1 Egli 模型

Egli 模型来源于美国联邦通信委员会(FCC),是利用超短波移动通信、VHF、UHF 通信所提供的数据得到的,通过对地反射引起的两射线平地模型进行修正,得到以下半经验半确定性的传播损耗模型:

$$L_b = \begin{cases} 78 + 20\lg f + 40\lg d - 20\lg h_b - 10\lg h_m & h_m \leqslant 10 \\ 88 + 20\lg f + 40\lg d - 20\lg h_b - 20\lg h_m & h_m > 10 \end{cases} \quad (2-128)$$

式中：L_b 为移动通信电路的传输损耗，单位为 dB；f 为频率，单位为 MHz；d 为基站到移动台之间的距离，单位为 km；h_b 为基站天线离地面的高度，单位为 m；h_m 为移动台天线离地面的高度，单位为 m。

Egli 模型是一种简化的不规则地形上的无线传播模型，适用于计算机计算，其电路距离小于 50km，频率为 40～900MHz。

2.4.2 COST 231 – Walfish – Ikegami 模型

COST 231 – Walfisch – Ikegami 为半经验半确定性模型，被欧洲 COST 以及 ITU 推荐适用。对非视距环境，COST 231 – Walfisch – Ikegami 模型给出了计算路径损耗的表达式，模型适用于 5km 以内的预测，并且考虑了建筑物的影响，其中用到的参数定义如图 2 – 11 所示。

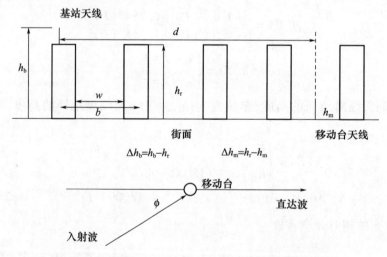

图 2 – 11　COST 231 – Walfish – Ikegami 模型中参数定义

图中：h_b 为基站天线高出地面的高度，单位为 m，适用范围 4～50m；h_m 为移动台天线高度，单位为 m，适用范围 1～3m；d 为收发天线之间的距离，单位为 km，适用范围 0.02～5km；f 为工作频率，单位为 MHz，适用范围 800～2000MHz；h_r 为建筑物高度，单位为 m；$\Delta h_b = h_b - h_r$，为基站天线高出建筑物屋顶的高度，单位为 m；$\Delta h_m = h_r - h_m$，为移动台低于建筑物屋顶的高度，单位为 m；b 为建筑物间隔（默认值为 20～50m），单位为 m；ϕ 为波与街面的入射角（默认值为 90°）；

w 为街道宽度(默认值为 $b/2$),单位为 m。

当缺乏数据时,建筑物的高度可以由楼层数乘以 3 来估计,如果屋顶不是平的则再加上 3m。当基站天线高于屋顶高度时,模型工作得最好。

当 $d \geqslant 0.020$ km 时,基站天线低于建筑物屋顶时的传播损耗为

$$L_{\text{FLOS}} = 42.6 + 26\lg d + 20\lg f \qquad (2-129)$$

在非视距传播环境下计算路径损耗的表达式(单位为 dB)如下:

$$L_{\text{NLOS}} = \begin{cases} L_0 + L_{\text{rts}} + L_{\text{msd}} & L_{\text{rts}} + L_{\text{msd}} \geqslant 0 \\ L_0 & L_{\text{rts}} + L_{\text{msd}} < 0 \end{cases} \qquad (2-130)$$

式中: L_0 表示自由空间损耗, $L_0 = 32.45 + 20\lg f_{\text{MHz}} + 20\lg d_{\text{km}}$; L_{rts} 为屋顶到街面的衍射和散射损耗; L_{msd} 为多遮蔽物衍射损耗; L_{rts} 和 L_{msd} 是非视距参数的函数。

L_{rts} 的计算公式为

$$L_{\text{rts}} = -16.9 - 10\lg w + 10\lg f + 20\lg \Delta h_{\text{m}} + L_{\text{cri}} \qquad (2-131)$$

式中: $L_{\text{cri}} = \begin{cases} -10 + 0.345\phi & 0° \leqslant \phi < 35° \\ 2.5 + 0.075(\phi - 35°) & 35° \leqslant \phi < 55° \\ 4.0 - 0.114(\phi - 55°) & 55° \leqslant \phi \leqslant 90° \end{cases}$ 是定向损耗。从公式中显然

可以看出, L_{rts} 随街道宽度增加而减小,随建筑物高度增加而增大。

计算多遮蔽物衍射损耗 L_{msd} 的公式为

$$L_{\text{msd}} = L_{\text{bsh}} + k_{\text{a}} + k_{\text{d}} \lg d + k_{\text{f}} \lg f - 9\lg b \qquad (2-132)$$

从式(2.132)中可以看出, L_{msd} 随建筑物间隔(b)增大而减小。在该表达式中,当基站天线比屋顶高时 L_{bsh} 为负损耗:

$$L_{\text{bsh}} = \begin{cases} -18\lg(1 + \Delta h_{\text{b}}) & \Delta h_{\text{b}} > 0 \\ 0 & \Delta h_{\text{b}} \leqslant 0 \end{cases} \qquad (2-133)$$

式中: k_{a}、k_{d}、k_{f} 建立了传播损耗与距离 d(km)和频率 f(MHz)之间的联系。多遮蔽物衍射损耗公式中的 k_{a} 为

$$k_{\text{a}} = \begin{cases} 54 & \Delta h_{\text{b}} > 0 \\ 54 - 0.8\Delta h_{\text{b}} & \Delta h_{\text{b}} \leqslant 0, d \geqslant 0.5 \\ 54 + 0.8\Delta h_{\text{b}}(d/0.5) & \Delta h_{\text{b}} \leqslant 0, d < 0.5 \end{cases} \qquad (2-134)$$

由此可知,当基站天线高于屋顶($\Delta h_{\text{b}} > 0$)时导致 54dB 的损耗,当天线低于屋顶时则导致多于 54dB 的损耗,此时,当链路距离相当小(小于 500m)时,超出 54dB 的损耗数会减小。

L_{msd} 公式中因子 k_{d} 为

$$k_{\text{d}} = \begin{cases} 18 & \Delta h_{\text{b}} > 0 \\ 18 - 15\Delta h_{\text{b}}/h_{\text{B}} & \Delta h_{\text{b}} \leqslant 0 \end{cases} \qquad (2-135)$$

由此可知,当基站天线高于屋顶时距离每增加 10km,L_{msd} 增加 18dB。但单基站天线低于屋顶时,L_{msd} 随距离加大增加得更多(如当基站天线只有建筑物高度的 20% 时,距离每增加 10km,L 增加 30dB)。

公式中因子 k_f 为

$$k_f = \begin{cases} -4 + 0.77(f/925 - 1) & \text{中等城市和市郊中心(中等树木密度)} \\ -4 + 1.5(f/925 - 1) & \text{大城市中心} \end{cases}$$

(2-136)

由于参数 Δh_b 和 Δh_m 的影响,传播损耗对于基站天线高度和建筑物高度十分敏感,尤其当距离大于 500m 时。传播损耗对于建筑物间隔 b 相对而言不敏感。传输损耗对于移动台天线高度 h_m 很不敏感。

第 3 章
衰落模型

无线移动通信过程当中，接收端与发送端由于相对运动产生多普勒频移效应。复杂的地形、建筑物和障碍物对传播信号的阻挡，以及反射、绕射、散射和衍射等现象导致多条路径的传输延时，接收到的信号电平和相位发生变化，都会对电磁波的传播产生影响，从而导致接收信号的随机变化，这种现象称为衰落。无线信道的衰落具有不可预见性（或称随机性），是产生信号失真的主要原因。

本章主要介绍衰落信道的基本概念，论述了衰落的产生原理、衰落信道三种典型的分类方法，以及衰落信道的特征描述。按照瑞利、莱斯和 Nakagami – m 三类分布方式对衰落信道进行统计分析。在此基础上，介绍了典型的超短波衰落仿真模型，分析了不同衰落模型和不同衰落模型参数对信号测试结果的影响，并提出了模型修正和使用方式。

3.1 衰落信道的基本概念

3.1.1 多径效应

多径传播是移动无线信道中信号产生衰落的主要原因。复杂的无线传播环境中，电波受到外物的阻挡产生了反射、绕射和散射，当信号到达接收台时，已经不是原来的一路信号了，而是多个路径的多个信号的叠加，如图 3 – 1 所示。因为多径传输造成了路径距离存在远近差别，所以发送的一路信号在发散为多个路径后，各信号到达接收机的时间和相位都不一样。各信号按各自不同相位叠加，相位相同的信号相加，信号增强，反之衰减，信号便产生失真。这样造成叠加的接收信号的幅度和发送的单一信号幅度的快速巨大的差异，这称为多径衰落。

多径衰落存在两种特性：一种是接收信号在幅度上的衰减；另一种是信号在信道上传输产生的时延扩展。具体来说，空间上，当接收端在运动时，随着距离的变化接收信号的幅度会发生衰落效应，其中接收信号的短时间的剧烈变化曲线是由于本地反射造成的,运动距离的变化对信号的平均值产生影响,运动距离的影响包括地形的变化和信号在空间传输产生的能量损耗。时间上,信号传输速度是一定的,但多径传播会导致距离的不同,由此带来信号传输时间的不一样,对同一接收端,接收同一信号在不同时间到达的合成信号,信号彼此之间存在到达时间差,即时延。这就使得接收信号相对发送信号在时间轴上产生信号宽度的增加,称为时延扩展。

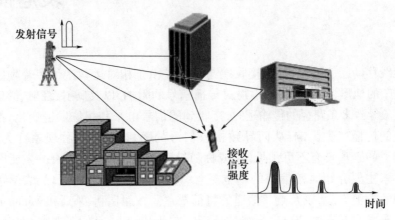

图 3-1 多径信号传输

3.1.2 多普勒频移

接收端在运动中接收信号时,接收到的信号频率会与运动的速度和发送出来的原始信号的频率成正比,这种现象称为多普勒效应(Doppler Effect)。移动速度为 v 的接收端接收夹角 α 的入射信号,发射端和接收端的相对运动引起多普勒频移,如图 3-2 所示。

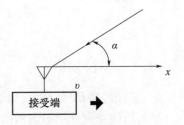

图 3-2 多普勒频移示意图

局部散射指信号经历多径信道发散为多径信号从不同的角度到达移动端。这种现象引起一定范围的多普勒频率偏移,即多普勒谱。最大多普勒频移对应于与接收端运动轨迹相反的部分散射信号分量。

多普勒频移表示为

$$f_\mathrm{d} = \frac{v}{\lambda}\cos\alpha \tag{3-1}$$

式中:λ 为信号波长。

如果接收端朝发射端的方向移动($-\pi/2 \leq \alpha \leq \pi/2$),多普勒频移为正值,反之为负值。最大多普勒频移为

$$f_m = \frac{v}{\lambda} \tag{3-2}$$

3.1.3 选择性和相干性

衰落是被用来描述受某种选择性影响的无线信道的术语。如果一个信道是一个与时间、频率或空间有关的函数,则它具有选择性。

与选择性相反的是相干性,如果一个信道在一个我们感兴趣的规定的"窗口"内,不是一个与时间、频率或空间相关的函数,则它具有相干性。

衰落信道建模中,最基本的概念就是根据相干性或选择性,区分信道 3 个可能的时间、频率和空间变量。

3.2 衰落信道的分类

3.2.1 大尺度衰落和小尺度衰落

如果一个无线信道载波的幅度在接收机经过一个空间位移后不变,则该信道就是空间相干的。同样,我们以静止(无时间变量)、窄带(无频率变量)的信道 $h(r)$ 来表示这一条件(这里 $h(r)$ 只是一维空间 r 的函数):

$$|h(r)| \approx V_0, \ |r - r_0| \leq \frac{D_c}{2} \tag{3-3}$$

式中:V_0 是某个幅度常数;D_c 是位移的距离;r_0 是空间中某个位置。

满足式(3-3)的最大 D_c 值称为相干距离,它是一个无线电接收机要保持信道不变而可以移动的大致距离。

空间非相干是由于多径波从空间许多不同的方向达到造成的。这些多径波造成了有利的突起和有害的坑凹干扰,以至于接收信号功率在接收机位置经历一个小的改变时不恒定,于是,这类信道表现出空间选择性。

如果一个接收机运动经过的距离大于信道的相干距离,则该信道经历了小尺度衰落,相反地,则该信道经历了大尺度衰落。大尺度衰落一般是由于传播环境中的阴影和物体的散射带来的空间平均的接收功率的波动。通常,当一个接收机移动的距离与载波的电磁波波长可比时,会发生小尺度波动;当接收机移动过许多个波长时,大尺度波动发生。两者的区别如图3-3所示。

需要指出的是,对于移动无线通信,一个信道的空间非相干性会直接导致

时间不相干性,因为当一个接收机通过空间时,我们可以通过运动方程把位移和时间联系起来,此时,衰落可以被认为是一个时间的函数,于是,小尺度衰落对具有移动接收机的无线系统造成时间非相干性。

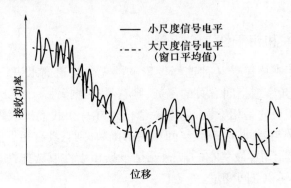

图3-3 小尺度和大尺度空间信道衰落

3.2.2 快衰落和慢衰落

如果一个无线信道的未调制载波的包络在一个感兴趣的"时间"窗口内不变,则它就是时间相干的。从数学上,我们以窄带(无频率变量)、固定(无空间变量)的信道来表示这一条件:

$$|h(t)| \approx V_0, \quad |t - t_0| \leq \frac{T_c}{2} \tag{3-4}$$

式中:V_0 是某个电压常数;T_c 是感兴趣的时间窗大小;t_0 是某个任意的时间时刻。

从平均意义上讲,满足式(3-4)的最大 T_c 值称为相干时间,它也是信道在该期间内表现为静止的大致的时间窗。

在微波和毫米波频率范围内,时间非相干的最普通的原因是发射机的运动或传播环境中严重散射。时间信道衰落能够损害一个无线通信系统的性能,如果传送的数据速率与相干时间可比,接收机会变得很难可靠地解调发送信号。因调制引起的波动和因时变信道引起的波动在同一时间尺度上发生,会造成信号灾难性的畸变。

当载波的包络以快于传输符号率的速度波动时,信道称为快衰落。当载波的包络以慢于传输符号率的速度波动时,信道称为慢衰落。快衰落和慢衰落的差别可用图3-4来展现。通常,慢衰落对信道的有效性、载频的选择、越区切换以及网络规划有很强的影响,而快衰落则对信号传输技术的选择和数字接收机的设计至关重要。

在时变信道中实现可靠数字通信的有两个办法:一是用比信道相干时间长

许多的符号去传输数据,并通过长周期的平均,从每个符号中滤除载波的波动;二是用比信道相干时间小许多的符号去传输数据,此情况下,时变信道在这个短符号周期内表现为静止。

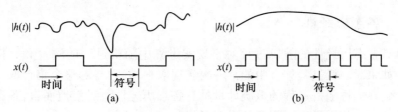

图3-4 对简单方脉冲符号的快衰落和慢衰落

3.2.3 频率选择性衰落和频率平坦衰落

如果一个无线信道的载波幅度在一个感兴趣的"频率"窗口内不变,则该信道是频率相干的。从数学上,我们以静止(无时间变量)、固定(无空间变量)的信道$h(f)$来表示这一条件:

$$|h(f)| \approx V_0, |f-f_c| \leq \frac{B_c}{2} \qquad (3-5)$$

式中:V_0是某个幅度常数;B_c是感兴趣的频率窗大小;f_c是中心载波频率。

满足式(3-5)的最大B_c值称为相干频率,它也是信道在该期间内表现为静止的大致的频率范围。

在一个无线通信系统中,频率相干性的损失是由多径波以许多不同的时延到达(即色散现象)造成的。在时域,一个色散的信道会引入码间串扰;在频域,一个色散的信道将在感兴趣的带宽内出现峰和谷。这种频域的表现造成对无线通信中两种不同的衰落分类。一种是具有小于传输信号带宽的相干带宽的无线信道,称为频率选择性衰落;另一种是具有大于传输信号带宽的相干带宽的无线信道,称为频率平坦衰落,也称为频率非选择性衰落。频率选择性衰落和频率平坦衰落的区别可用图3-5来展现。

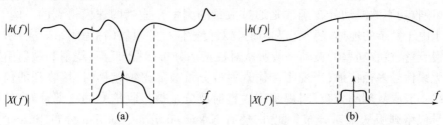

图3-5 对发送信号频谱$X(f)$的频率选择性衰落和频率平坦衰落

3.3 衰落信道的特征描述

3.3.1 各态历经性

具有各态历经性的随机过程对于现实世界中随机过程的测量和分析非常重要。如果对随机过程集合中的某一次实现取平均,它与对整个集合取平均相等,那么,我们称随机过程的该统计量具有各态历经性。对信道而言,各态历经性是决定一个信道是否可测量的重要因素。

3.3.2 均值

通常,我们把衰落信道建模为一阶平稳随机信道,而接收功率的均值是描述随机信道模型的一阶统计量中应用最为广泛的,也是最直观的。当对开阔地区进行测量时,该统计量特别重要。因为在实际系统中,不可能对随机信号产生无限个样本并取集平均,最有可能的就是在一个实现上对测量的统计量取平均。

在信道的测量中,我们可以对信道的每一个自变量(如频率、空间)取平均,作为频率的函数的接收功率和作为空间的函数的接收功率具有相同的结果,该等价性在测量实际无线信道中的开阔地区时特别有用。在信道测量中,测量者可以采用下面两种等价的计算功率均值的方法。

(1)一个宽带发送信号和固定天线接收机,此时,功率的均值通过接收功率在宽带信号的频率上取平均得到。

(2)一个窄带发送信号和在空间中移动的接收机天线,此时,功率的均值是通过对空间不同位置上的接收功率取平均得到。

3.3.3 包络分布

接收功率或包络的分布函数对于理解随机信道的一阶特性非常重要。通常,接收功率的波动分布函数是通过大量的测量和适当的建模得到的。例如,对于由于复杂的地形、建筑物和障碍物对传播信号的阻挡(称为阴影效应)引起的慢衰落,接收功率的波动一般服从对数正态分布;对于反射、绕射和散射引起的无线信号多径传播,当视距传输直射波分量被障碍物遮挡时,接收到的信号包络一般服从瑞利分布;当视距传输直射波分量是接收信号的一部分时,接收信号包络则服从莱斯分布。此外,还有 Nakagami 分布、Gausian 分布、Suzuki 分布等,这些都是在对特性环境下接收信号测量结果的近似模型分布函数。

通过接收信号的包络分布函数或概率密度函数，可以很容易地得到接收信号包络低于某一门限电平时的总时间或概率，这对分析通信链路在整个通信过程中信噪比或干信比的可用性非常重要。例如，我们得到了某信道的接收信号包络分布，如图 3-6 所示，显然，该信号包络服从瑞利分布，则通过积分可得到当接收信号包络大于任何门限幅度时的概率，如图 3-7 所示。特别地，当接收信号包络大于某门限幅度的概率为 50% 时，该门限幅度被称为中值，如本例中，中值为 0.8627。

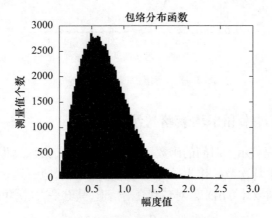

图 3-6　接收信号包络的分布

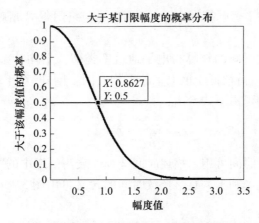

图 3-7　包络大于某幅度门限时的概率分布

同样，根据接收信号的包络分布函数也可以得到衰落深度的概率分布。衰落深度定义为自由空间接收电平和实际接收信号电平之比。在本例中，假设自由空间接收信号电平值为 3，那么，衰落深度的概率分布如图 3-8 所示。

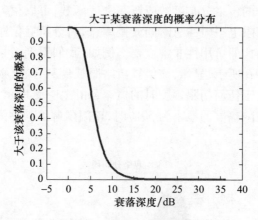

图3-8 衰落深度的概率分布

3.3.4 电平通过率和平均衰落持续长度

由于随机过程表示为时间的函数,电平通过率定义为该过程每秒通过并低于某一特定门限的平均次数。作为通常意义的时变过程,电平通过率可以通过包络和它的概率密度函数计算出来。对瑞利衰落信道,其电平通过率可以由下式给出:

$$N_t = \frac{\sigma_\omega}{\sqrt{\pi}} \rho_{rms} e^{-\rho_{rms}^2} \qquad (3-6)$$

式中:σ_ω 是均方根多普勒扩展;$\rho_{rms} = R^2/P_{dif}$ 是包络门限 R 相对信号的平均功率的归一化值。

平均衰落持续时间的计算与电平通过率类似。平均持续时间是指当包络通过某一电平值后,持续低于该电平的平均时间。同样,对于瑞利衰落信道,其平均衰落持续时间可由下式给出:

$$\bar{t} = \frac{\sqrt{\pi}}{\sigma_\omega \rho_{rms}} [e^{\rho_{rms}^2} - 1] \qquad (3-7)$$

平均衰落持续时间可用来描述时间选择性衰落信道中的"突发"比特错误。时间上的电平通过率和平均衰落持续时间的含义可由图3-9给出更加直观的理解。

上面是对时变衰落信道的电平通过率,对与时不变的静态信道来说,我们也可以通过每赫兹的电平通过次数来定义频域上的电平通过率,同理,平均衰落带宽也可以定义为当包络通过某一电平值后,持续低于该电平的平均带宽。对瑞利衰落信道,频率电平通过率和平均衰落持续带宽可分别由下面两式给出(σ_τ 为均方根时延扩展):

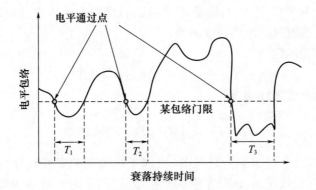

图 3-9 包络过程及其电平通过点、衰落持续时间和包络门限

$$N_\mathrm{f} = 2\sqrt{\pi}\,\sigma_\tau \rho_\mathrm{rms} \mathrm{e}^{-\rho_\mathrm{rms}^2} \qquad (3-8)$$

$$\bar{f} = \frac{\mathrm{e}^{\rho_\mathrm{rms}^2} - 1}{2\sqrt{\pi}\,\sigma_\tau \rho_\mathrm{rms}} \qquad (3-9)$$

平均衰落带宽对于跳频通信系统是一个非常有意义的参数,通常,为了保持可以接收的信噪比,跳频通信系统的相邻频率跳变在平均意义上应该使发送载频的改变超过平均衰落持续带宽。

同理,我们还可以定义空间电平通过率为每单位距离电平通过的次数,平均衰落持续距离为包络通过某一电平后,持续低于该电平的平均距离。对瑞利衰落信道,空间电平通过率和平均衰落持续距离可分别由下面两式给出(σ_k 为均方根波数扩展):

$$N_\mathrm{r} = \frac{\sigma_k}{\sqrt{\pi}} \rho_\mathrm{rms} \mathrm{e}^{-\rho_\mathrm{rms}^2} \qquad (3-10)$$

$$\bar{r} = \frac{\sqrt{\pi}}{\sigma_k \rho_\mathrm{rms}} [\mathrm{e}^{\rho_\mathrm{rms}^2} - 1] \qquad (3-11)$$

平均衰落持续距离通常影响着接收机在通过某地域时,为了保持可以接收的信噪比而所需的平均最小速度。

3.3.5 时延域

完整的无线基带信道传递函数 $h(f,r,t)$ 是一个频率、空间和时间的函数。通过对频率、空间和时间域的每个变量进行傅里叶分析,可以得到衰落信道 3 种可能的谱域:时延域、多普勒域和波数域。其中,对频率 f 进行傅里叶变换后的谱域称为时延域,此时的传递函数 $H(\tau;r,t) = F[h(f;r,t)]$,($F[\ ]$ 表示傅里叶变换),它称为信道冲击响应(CIR)。

通过维纳-辛钦定理,对信道传递函数的自相关函数进行傅里叶变换,可得到衰落信道的时延功率谱密度函数。

频率自相关函数为

$$R_h(\Delta f) = E\{h(f_1;r,t)h^*(f_1+\Delta f;r,t)\} \quad (3-12)$$

时延域功率谱密度为

$$S_h(\tau) = \int_{-\infty}^{+\infty} R_h(\Delta f) e^{j2\pi\tau\Delta t} d\Delta f \quad (3-13)$$

时延功率谱密度(也称为时延谱)表现了接收到的多径成分的功率在时延域上的分布,一般情况下,该分布服从负指数分布,其时延域谱和频率自相关的波形如图3-10所示。

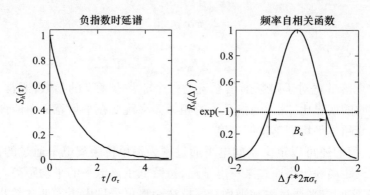

图3-10 负指数时延谱和频率自相关函数

图中 σ_τ 是均方根时延扩展,在数学上,时延扩展 σ_τ^2 定义为时延谱的二阶中心矩:

$$\sigma_\tau^2 = \overline{\tau^2} - (\overline{\tau})^2, \overline{\tau^n} = \frac{\int_{-\infty}^{+\infty} \tau^n S_h(\tau) d\tau}{\int_{-\infty}^{+\infty} S_h(\tau) d\tau} \quad (3-14)$$

如果对频率自相关函数 $R_h(\Delta f)$ 进行归一化处理,可得到自相关系数:

$$e_R(\Delta f) = \frac{R_h(\Delta f) - |\mu|^2}{R_h(0) - |\mu|^2} \quad \mu = E\{h(f;r,t)\} \quad (3-15)$$

显然,对于所有的 Δf,均有 $|e_R(\Delta f)| \leq 1$。自相关系数等于1意味着完全相关,而等于0则意味着完全不相关。当我们将"不相关"定义为自相关系数为 e^{-1} 时,那么,满足 $|e_R(\Delta f)| \geq e^{-1}$ 的 Δf 区间称为相干带宽 B_c。对于服从瑞利密度函数的接收信号包络,可给出 $e_R(\Delta f)$ 和 B_c 的近似结果:

$$e_R(\Delta f) \approx e^{-46\sigma_\tau^2(\Delta f)^2} \quad (3-16)$$

$$B_c = 2\Delta f \approx \frac{2}{\sqrt{46}\sigma_\tau} \approx \frac{1}{3.39\sigma_\tau} \quad |e_R(\Delta f)| = e^{-1} \quad (3-17)$$

由式（3-17）可知，相干带宽 B_c 和时延扩展 σ_τ^2 成反比，较大的时延扩展意味着信道具有较强的频率选择性和较小的相干带宽。

3.3.6 多普勒域

信道传递函数 $h(f,r,t)$ 对时间 t 进行傅里叶变换后的谱域称为多普勒域，此时的传递函数是 $H(\omega;f,r) = F[h(t;f,r)]$，它描述的是无线信道的时变特性。

多普勒功率谱密度（也称为多普勒谱）表现了接收到的多径成分的功率在多普勒域上的分布。不同的入射角的多径分量产生了不同的多普勒频移，所有多径分量的叠加就形成了多普勒谱。在实际中由于传播环境的不同，多普勒谱也不尽相同，常见的多普勒谱主要有 Jakes 功率谱（也称经典功率谱）和高斯功率谱两种。

Jakes 功率谱的推导假设了电磁波的传播是在二维平面内，且全向接收天线的入射波入射角均匀地分布在 $[0,2\pi)$ 之间。此时，接收信号的包络服从的是瑞利分布。Jakes 功率谱的函数表达式为

$$S_h(f) = \frac{\sigma_0^2}{\pi f_d \sqrt{1-\left(\frac{f}{f_d}\right)^2}} \quad (3-18)$$

式中：f_d 为最大多普勒频移。

对 Jakes 功率谱取傅里叶反变换可得到信号的时间自相关函数：

$$R_h(\Delta t) = \sigma_0^2 J_0(2\pi f_d \Delta t) \quad (3-19)$$

式中：$2\sigma_0^2$ 为平均功率；$J_0(\ )$ 为第一类零阶贝塞尔函数。Jakes 功率谱和对应的时间自相关函数如图 3-11 所示。

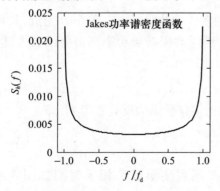
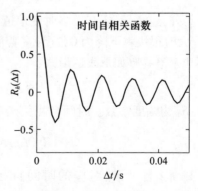

图 3-11　Jakes 多普勒谱和时间自相关函数（$f_d = 100\text{Hz}, \sigma_0^2 = 1$）

当 Δt 很小时,仅依赖于均方根多普勒扩展 σ_ω 的归一化时间自相关函数的近似表达式:

$$R_h(\Delta t) \approx e^{-\left(\frac{23}{2\pi^2}\sigma_\omega^2 \Delta t^2\right)} \quad (3-20)$$

多普勒扩展 σ_ω^2 与时延扩展 σ_τ^2 相似,定义为多普勒谱的二阶中心矩:

$$\sigma_\omega^2 = \overline{\omega^2} - (\overline{\omega})^2, \overline{\omega^n} = \frac{\int_{-\infty}^{+\infty} \omega^n S_h(\omega)\,d\omega}{\int_{-\infty}^{+\infty} S_h(\omega)\,d\omega} \quad (3-21)$$

如果把描述包络之间充分解相关的门限设定为 e^{-1},那么,可得到满足这个约定的相干时间 T_c,如图 3-12 所示,即

$$T_c = 2 \times \frac{2\pi}{\sqrt{46}\,\sigma_\omega} = \frac{2.16}{\sigma_\omega} \quad (3-22)$$

需要注意的是,这个相干时间仅和均方根多普勒扩展有关,并与其成反比。多普勒谱 $S_h(f)$ 的其他具体细节和结构并不影响时间选择衰落信道的相干性。

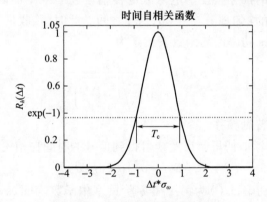

图 3-12 近似时间自相关函数

另外,经测量,还有很多时变信道的多普勒功率都集中在 $f=0$ 附近,并且当 $|f|$ 较大时很快就下降为 0,这种多普勒谱通常用高斯功率谱密度函数来建模。高斯功率谱具有如下表达形式:

$$S_h(\omega) = S_0 e^{-\frac{\omega^2}{2\sigma_\omega^2}} \quad (3-23)$$

式中:S_0 为幅度常数。时间自相关函数由多普勒谱的反变换得到,即

$$R_h(\Delta t) = \frac{S_0 \sigma_\omega}{\sqrt{2\pi}} e^{-\frac{\Delta t^2 \sigma_\omega^2}{2}} \quad (3-24)$$

高斯多普勒谱、对应的时间自相关函数波形以及相干时间如图 3-13 所示。

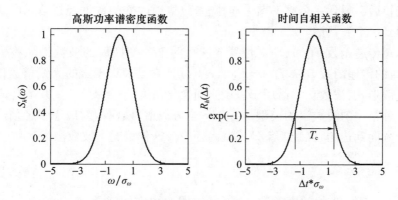

图3-13 高斯多普勒谱和对应的时间自相关函数

理论研究已经表明,航空信道的多普勒功率谱密度具有高斯功率谱密度的形状,尽管不能证明高斯功率谱密度与实际测量所得的多普勒功率谱密度完全一致,但是在很多情况下,式(3-23)是很好的近似,且对于带宽少于10kHz的信号,航空信道属于频率非选择性信道。对于频率选择性移动无线信道,有关文献已经证明,多普勒功率谱密度函数与Jakes功率谱密度的形状有很大的偏差,虽然形状和高斯功率谱密度相似,但通常会偏离频率平面的原点,因为有选择性的某一个方向的来波将占主导地位。图3-14给出了当存在两个主要来波时的高斯多普勒谱。

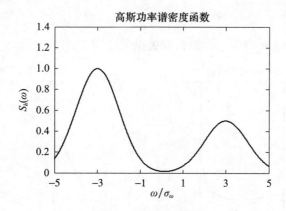

图3-14 具有两个主要来波的高斯多普勒谱

3.3.7 波数域

波数是频率在空间位置的类比。在一个位置空间单位内,波动重复的次数或一个波动拥有同样相位的次数,就是波数。如同随着时间改变的数据经过傅里叶变换后会得到一个频率谱一样,随着位置而改变的数据经过傅里叶变换后就会得到一个波数谱。

信道传递函数 $h(f,r,t)$ 对位置 r 进行傅里叶变换后的波数谱域称为波数域,此时的传递函数 $H(k;f,t) = F[h(r;f,t)]$,它是 ITU 规定的无线信道传递函数的一般形式,波数功率谱用于表现空间变化信道。

一种常用的波数谱的模型是 Clarke 全方向谱,该模型对应于多径信号从水平各个方向到达的、混乱的室外或室内环境。这种情况下波数谱为

$$S_h(k) = \frac{S_0}{\sqrt{k_0^2 - k^2}} \quad |k| \leq k_0 \quad (3-25)$$

式中:k 是波数;S_0 为幅度常数;$k_0 = 2\pi/\lambda$ 是自由空间波数,λ 是波长。同时,均方根波数扩展 σ_k 的定义由下式给出:

$$\sigma_k^2 = \overline{k^2} - (\overline{k})^2, \overline{k^n} = \frac{\int_{-\infty}^{+\infty} k^n S_h(k) \mathrm{d}k}{\int_{-\infty}^{+\infty} S_h(k) \mathrm{d}k} \quad (3-26)$$

把 $S_h(k)$ 代入式(3-26)可得均方根波数扩展为

$$\sigma_k = \frac{k_0}{\sqrt{2}} \quad (3-27)$$

对 $S_h(k)$ 进行傅里叶反变换可得波数谱的空间自相关函数:

$$R_h(\Delta r) = \frac{S_0}{2} J_0(k_0 \Delta r) \quad (3-28)$$

Clarke 波数谱和对应的时间自相关函数如图 3-15 所示。

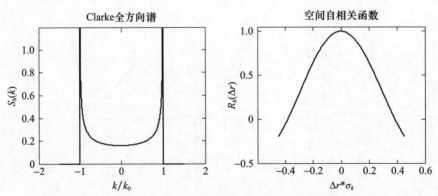

图 3-15 Clarke 全方向波数谱和对应的空间自相关函数

当 Δr 很小时,仅依赖于均方根波数扩展 σ_k 的归一化空间自相关函数的近似表达式:

$$R_h(\Delta r) \approx \mathrm{e}^{-\left(\frac{23}{2\pi^2}\sigma_k^2 \Delta r^2\right)} \qquad (3-29)$$

通过式(3-30)可得衰落信道几乎未发生改变的间隔距离,即相干距离 D_c(解相关门限为 e^{-1}):

$$D_c = 2 \times \frac{2\pi}{\sqrt{46}\sigma_k} = \frac{2.16}{\sigma_k} \qquad (3-30)$$

上面我们只讨论了一维空间(即标量空间)的波数域特性,对实际系统中在三维空间中工作的无线接收机,需要增加其空间表示的自由度,相应地,在频域也需要增加相应的自由度。此时,位置标量 r 和波数标量 k 可分别被叠并成三维的位置矢量和波数矢量:

$$\begin{cases} \boldsymbol{r} = x\boldsymbol{x} + y\boldsymbol{y} + z\boldsymbol{z} \\ \boldsymbol{k} = k_x\boldsymbol{x} + k_y\boldsymbol{y} + k_z\boldsymbol{z} \end{cases} \qquad (3-31)$$

式中: $\boldsymbol{x}$、$\boldsymbol{y}$、$\boldsymbol{z}$ 表示笛卡儿坐标系的单位矢量。用式(3-31)代替标量传递函数 $h(f,r,t)$ 和 $H(k;f,t)$ 的相应变量,可得到三维空间自相关函数的定义(广义平稳信道,并略去变量 f、t):

$$R_h(\Delta \boldsymbol{r}) = E\{h(\boldsymbol{r})h^*(\boldsymbol{r}+\Delta \boldsymbol{r})\} \qquad (3-32)$$

该随机信道的波数功率谱密度函数可通过对式(3-32)进行傅里叶变换得到:

$$S_h(\boldsymbol{k}) = \int_{-\infty}^{+\infty} R_h(\Delta \boldsymbol{r}) \mathrm{e}^{-j\boldsymbol{k}\cdot\boldsymbol{r}} \mathrm{d}\Delta \boldsymbol{r} \qquad (3-33)$$

对于静态、窄带信道,其波数矢量谱的典型形式为

$$S_h(\boldsymbol{k}) = (2\pi)^3 \sum_{i=1}^{N} P_i \delta(\boldsymbol{k} - \boldsymbol{k}_i) \qquad (3-34)$$

式中: P_i 是第 i 个多径分量的功率; $\boldsymbol{k}_i$ 是第 i 个多径分量的波数矢量。

3.3.8 角度谱

由于波数谱的概念不像时延谱和多普勒谱那样直观,因此,在工程应用中,大家常用角度谱来描述空间的多径状况,角度谱描述了引入的多径功率的到达角。

把式(3-31)中的波数矢量 $\boldsymbol{k}$ 表示成包括方位角和仰角的球面坐标的形式:

$$\boldsymbol{k} = |\boldsymbol{k}|(\cos\varphi\cos\theta\boldsymbol{x} + \cos\varphi\sin\theta\boldsymbol{y} + \sin\varphi\boldsymbol{z}) \qquad (3-35)$$

式中:方位角 θ 和仰角 φ 可以被认为是多径信号到达角的坐标。此时的式(3-34)的波数矢量谱可以写为

$$S_h(\boldsymbol{k}) = \frac{(2\pi)^3 \delta(|\boldsymbol{k}| - k_0)}{k_0^2} p(\theta,\varphi) \qquad (3-36)$$

式中：$p(\theta,\varphi)$ 为多径功率的角度谱，即

$$p(\theta,\varphi) = \sum_{i=1}^{N} \frac{P_i \delta(\varphi - \varphi_i) \delta(\theta - \theta_i)}{\cos\varphi_i} \qquad (3-37)$$

$p(\theta,\varphi)$ 的单位是功率/球面度，角度 θ 和 φ 分别表示接收天线收到的无线电波的方位角和仰角，这在物理上比较直观。对于水平传播，即接收信号由零仰角沿水平方向传播的多径波组成时，信道的角度谱可以写为

$$p(\theta,\varphi) = p(\theta)\delta(\varphi) \qquad (3-38)$$

式中：$p(\theta)$ 是方位角谱，其单位为功率/rad，该方位角信道模型对陆地传播可以很好地估计。此时，如果对式(3-36)内的 φ 进行积分，则可得到方位角度谱和波数谱之间的对应关系（即 Gans 映射）：

$$S_h(k) = \frac{2\pi}{\sqrt{k_0^2 - k^2}} \left[p\left(\theta + \arccos\frac{k}{k_0}\right) + p\left(\theta - \arccos\frac{k}{k_0}\right) \right] \quad |k| \leq k_0$$

$$\qquad (3-39)$$

例如，当在混乱的多径环境中，常常把到达的多径功率的角度谱近似为均匀分布，此时，方位角度谱为 $p(\theta) = P_T/2\pi$（P_T 为平均功率），那么，将其代入式(3-39)可得此时的波数谱为

$$S_h(k) = \frac{2P_T}{\sqrt{k_0^2 - k^2}} \quad |k| \leq k_0 \qquad (3-40)$$

该式就是 Clarke 全方向谱的表达式。不过，需要指出的是，假设方位角谱服从均匀分布的情况通常并不能反映实际，通过实测结果可知，方位角功率谱可以用更符合实际情况的拉普拉斯分布进行描述。拉普拉斯分布的概率密度函数为

$$f_{\text{Lap}}(x|\mu,b) = \frac{1}{2b} e^{-\frac{|x-\mu|}{b}} \qquad (3-41)$$

式中：μ 为位置参数；$b > 0$ 为尺度参数，其数学期望为 μ，方差为 $2b^2$。

3.4 衰落信道的统计分析

由于各种障碍物的阻挡，传输信号在无线信道中除受噪声影响外，信号衰落现象普遍存在。信道的衰落效应更适合采用统计方式描述，其中运用最多的模型有瑞利分布和莱斯分布两种方式，模拟出的信道衰落特性称为瑞利衰落和莱斯衰落。除此之外，一种带参数 m 的 Nakagami-m 分布采用的人越来越多，主要是该分布函数根据 m 取值的不同可以获得上面两种分布类型，将不同的分布函数做了统一化处理。

3.4.1 瑞利信道

瑞利信道是根据不同的无线环境而划分的包络统计信道。广义平稳非相关散射(WSSUS)能够同时模拟多径时变特性的随机过程。当不相关路径个数很大时,信道冲激响应的二次分量为高斯广义平稳非相关散射(Gauss Wide-Sense Stationary-Uncorrelated Scattering,GWSSUS),即中心极限定理。x 服从瑞利分布,其概率密度为

$$p(x) = \frac{1}{\sqrt{2\pi \cdot b}} e^{-\frac{x^2}{2b}} \tag{3-42}$$

式中:b 是信号的平均功率。

仿真时,具体的信道参数设置如表 3-1 所列。

表 3-1 信道参数表

路径	1	2	3	4	5	6
相对时延/μs	0	3.1	7.1	10.9	17.3	25.1
平均功率/dB	0	-1	-9	-10	-15	-20

3.4.2 莱斯信道

莱斯分布和瑞利分布的主要区别是:在传播中是否存在视距(LOS)主导分量。当 LOS 主导分量存在时,则接收信号幅度遵循莱斯分布;反之,遵循瑞利分布。

当 r 满足莱斯分布时,它的概率密度函数表达式为

$$p(r) = \begin{cases} \dfrac{r}{\sigma^2} e^{-\frac{(r^2+A^2)}{2\sigma}} I_0\left(\dfrac{A^2}{\sigma^2}\right) & A \geq 0, r \geq 0 \\ 0 & r < 0 \end{cases} \tag{3-43}$$

式中:$I_0(\cdot)$ 是零阶第一类修正贝塞尔函数;σ^2 是 r 的方差;A 为峰值。

3.4.3 Nakagami-m 信道

Nakagami-m 信道是具有参数 m 的信道模型,m 取不同的值时,对应的分布也不相同,相比前两种信道更具有广泛性。r 服从 Nakagami-m 分布,其概率密度函数为

$$p(r) = \frac{2m^m r^{2m-1}}{\Gamma(m)\Omega^m} e^{-\frac{mr^2}{\Omega}} \tag{3-44}$$

式中:$\Gamma(m)$ 是伽马函数,$m \geq 0.5$;$r \geq 0$;Ω 是 r 的平方均值。

3.5 超短波电波传播衰落仿真模型

3.5.1 超短波电波传播衰落仿真模型需求分析

无线信道的衰落可分为静态衰落和非静态衰落,在移动通信的信道中这两种衰落是同时存在的,使信道的分析更进一步复杂化。为了简化分析,在工程计算中首先要研究哪种衰落占支配地位。

在超短波移动通信中,静态衰落由接收台附近的移动物体(车辆、船舶或植被的摇摆)所产生,但是由此引起的衰落与接收台移动所引起的非静态衰落相比要小得多,所以在工程计算中,认为非静态衰落占支配作用。任何衰落信道,均可用抽头延迟线的结构模型予以概括。

衰落信道的参数决定于接收站近区散射体的空间分布和接收站的运动状态。所谓近区散射体和远区散射体,目前尚无严格界定,一般认为距接收站 $20\lambda \sim 40\lambda$(λ 为波长)以内的散射体为近区散射体。移动站的运动状态包括其运动速度以及运动方向与来波方向之间的夹角(多普勒角)。

近区散射体的分布与接收站的运动状态要在移动站的整个活动区域中考察。研究其"集总"效应(即统计平均效应),结合移动站的运动状态可获得不同的环境场景模型。为了确定平均场景模型,将移动台所处的环境划分为市区、郊区、乡村等不同类别。目前,环境类别划分尚无严格的定量标准。

按照入射波的信号带宽,接收站近区散射体可划分为相关散射体和非相关散射体。有限个相关散射体决定了抽头延迟线中的抽头数目;相关散射元中的无数个非相关散射体(微分散射元)决定了每个抽头的参数。非相关散射体的散射特性是准平稳的随机过程。

统计分析表明,各相关散射体散射信号的相对功率与其相对时延(抽头时延)的关系服从负指数分布;相关散射体内部的非相关散射体散射服从复高斯分布(均值为 0 或非 0,取决于有无占支配地位的非相干散射体),其模服从瑞利分布(对应于均值为 0 的高斯分布)或莱斯(Rice)分布(对应于均值非 0 的高斯分布),其多普勒谱服从 Jakes 谱(对应均值为 0 的高斯分布)或 Jakes + Pure Doppler 谱。

由此可见,多径衰落模型主要取决于如下因素。

(1)环境类型,市区、郊区、乡村等。

(2)工作波长,它决定在确定的环境类型中应考虑多大范围内的散射体。从上述分析不难发现,对于特定的环境类型,波长越长,应考虑的范围就越大。

(3) 信号带宽,它决定了相干散射体的尺度,带宽越宽,相干散射体的尺度越小。

由此可见,若工作频率越高(波长越短),则在确定的环境下,相干散射体较少;若信号带宽较宽,则在同样的环境下,相干散射体又较多。一般的无线电信号,如果工作频率高,其带宽较宽;反之,工作频率低,则信号带宽较窄。所以对于相对带宽(信号带宽与工作频率之比)大致相同的信号,在确定的环境下,其散射体的数目大致相当。

以上是基于实验数据的分析得出的普遍规律。但是在衰落信道研究中始终存在普遍性与特殊性之间的矛盾。再则,实际的电波环境类型有无限多种,绝非有限几种类型能够准确描述,所以衰落信道的研究也存在有限与无限之间的矛盾。正是由于这些矛盾,造成了研究工作的诸多困难,出现了种类繁多的参数模型。

仿真中典型的信道模型如表3-2和表3-3所列,包括9种标准模型,其中有6种幅度分布和9种多普勒谱。

表3-2 标准分布函数

模型名称	幅度分布	多普勒谱
Constant	Constant	None
Classical	Ragleigh	Jakes
Rice	Rice	Jakes + Pure Doppler
Flat	Ragleigh	Flat
Pure Doppler	Constant	Pure Doppler
Nakagami	Nakagami	Typical spectrum for Nakagami
Lognormal	Lognormal	Butterworth
高斯	Ragleigh	高斯
suzuki	Ragleigh + Lognormal	Jakes + Buttworth

表3-3 补充模型

幅度分布	多普勒谱
Constant	Pure Doppler
Ragleigh	Jakes
	Flat
	高斯
	Rounded
	Butterworth
	Jakes

续表

幅度分布	多普勒谱
Rice	Flat
	Rounded
	高斯
	Butterworth

其中，Ragleigh、Rice、Nakagami 反映了多径衰落（快衰落）；Ragleigh + Lognormal 反映了多径衰落与阴影衰落的合成效应；Lognormal 反映了阴影衰落（衰减型衰落）；Constant 反映了不存在衰落的情况（衰减）。

通常在仿真测试中，衰减和阴影衰落通过电波传输衰减模型进行预测，因此，不再需要建立相应的 Ragleigh + Lognormal 和 Lognormal 分布衰落模型。

Nakagami 分布是 Ragleigh 分布的推广形式，其推广的效果与 Rice 分布相同，Nakagami 分布参数 m 与 Rice 分布参数 k 有相似的功能，并且在 $m>1$ 时，k 和 m 存在简单的换算关系。所以利用 Ragleigh 和 Rice 两种分布，可完全替代 Nakagami 分布（由于 Nakagami 分布的数学性质比 Rice 分布占优，所以在理论分析中有时会用到 Nakagami 分布）。

综上分析，在仿真测试中，主要需要建立 Ragleigh 和 Rice 分布衰落模型。

表 3-2 和表 3-3 中提供的 9 种多普勒谱可分为三类。

None、Pure Doppler 为第一类，此类表示非多径衰落信道。

高斯、Typical spectrum for Nakagami 为第二类，此类表示非相干散射体中有一个或多个微分散射元占有支配地位时的多径衰落信息。

Flat、Jakes、Butterworth、Rounded 为第三类，其中 Flat 谱用于接收机前后左右上下都随机分布着非相干散射体，且其中没有一个占有支配地位，它适用于室内移动环境；Jakes 谱用于接收机前后左右随机分布着非相干散射体，且其中没有一个占有支配地位，它适用于室外移动环境。Butterworth、Rounded 介于 Flat 与 Jakes 谱的中间状态。

实际上，所谓"占支配作用的散射体"是很难准确定义的，至今尚无判断准则，因此很难获得验前信息。因此也很难在验前决定高斯谱和 Typical spectrum for Nakagami。至于 Butterworth、Rounded 谱，由于其介于 Flat 和 Jakes 谱之间，这种中间状态也是在验前无法确定的。验前可确定的谱只有 Flat 和 Jakes 谱。在室外，唯一的选择就是 Jakes 谱。

基于以上分析，仿真测试中，在超短波频段可选择的幅度概率密度函数是 Ragleigh 或 Rice，其对应的多普勒谱为 Jakes 或 Jakes + Pure Doppler。

3.5.2　超短波信道衰落仿真模型

基于 3.5.1 节对超短波电波传播衰落模型现状和需求分析,在超短波移动业务中,采用如下信道参数模型,如表 3-4~表 3-7 所列。

表 3-4　乡村环境和航空移动环境的模型参数

抽头号	相对时延/ns	相对幅度/dB	幅度分布	多普勒谱
1	0	0.0	Rice	Jakes + Pure Doppler
2	100	-4.0	Rayleigh	Jakes
3	200	-8.0	Rayleigh	Jakes
4	300	-12.0	Rayleigh	Jakes
5	400	-16.0	Rayleigh	Jakes
6	500	-20.0	Rayleigh	Jakes

注:1. 乡村环境下 Rice k 因子取 6.5dB,航空移动环境下 Rice k 因子取 15dB;
2. 多普勒角取 45°。

表 3-5　丘陵地形环境的模型参数

抽头号	相对时延/ns	相对幅度/dB	幅度分布	多普勒谱
1	0	-10.0	Rayleigh	Jakes
2	100	-8.0	Rayleigh	Jakes
3	300	-6.0	Rayleigh	Jakes
4	500	-4.0	Rayleigh	Jakes
5	700	0.0	Rayleigh	Jakes
6	1000	0.0	Rayleigh	Jakes
7	1300	-4.0	Rayleigh	Jakes
8	15000	-8.0	Rayleigh	Jakes
9	15200	-9.0	Rayleigh	Jakes
10	15700	-10.0	Rayleigh	Jakes
11	17200	-12.0	Rayleigh	Jakes
12	2000	-14.0	Rayleigh	Jakes

表 3-6　典型市区环境的模型参数

抽头号	相对时延/ns	相对幅度/dB	幅度分布	多普勒谱
1	0	-4.0	Rayleigh	Jakes
2	100	-3.0	Rayleigh	Jakes

续表

抽头号	相对时延/ns	相对幅度/dB	幅度分布	多普勒谱
3	300	0.0	Rayleigh	Jakes
4	500	−2.6	Rayleigh	Jakes
5	800	−3.0	Rayleigh	Jakes
6	1100	−5.0	Rayleigh	Jakes
7	1300	−7.0	Rayleigh	Jakes
8	1700	−5.0	Rayleigh	Jakes
9	2300	−6.5	Rayleigh	Jakes
10	3100	−8.6	Rayleigh	Jakes
11	3200	−11.0	Rayleigh	Jakes
12	5000	−10.0	Rayleigh	Jakes

表 3-7 其他模型参数

模型类型	模型参数			
	抽头号	相对时延/ns	相对幅度/dB	多普勒谱
室内模型 A	1	0	0.0	Flat
	2	50	−3.0	Flat
	3	110	−10.0	Flat
	4	170	−18.0	Flat
	5	290	−26.0	Flat
	6	310	−32.0	Flat
室内模型 B	1	0	0.0	Flat
	2	100	−3.6	Flat
	3	200	−7.2	Flat
	4	300	−10.8	Flat
	5	500	−18.0	Flat
	6	700	−25.2	Flat
室内到室外模型 A	1	0	0.0	Classical
	2	110	−9.7	Classical
	3	190	−19.2	Classical
	4	410	−22.8	Classical

续表

模型类型	模型参数			
	抽头号	相对时延/ns	相对幅度/dB	多普勒谱
室内到室外模型 B	1	0	0.0	Classical
	2	200	−0.9	Classical
	3	800	−4.9	Classical
	4	1200	−8.0	Classical
	5	2300	−7.8	Classical
	6	3700	−23.9	Classical
车载模型 A	1	0	0.0	Classical
	2	200	−1.0	Classical
	3	800	−9.0	Classical
	4	1200	−10.0	Classical
	5	2300	−15.0	Classical
	6	3700	−20.0	Classical
车载模型 B	1	0	−2.5	Classical
	2	200	0.0	Classical
	3	800	−12.8	Classical
	4	1200	−10.0	Classical
	5	2300	−25.2	Classical
	6	3700	−16.0	Classical

上述模型参数源于标准信道模型 GSH-450、GSM-900 和 DCS-1800 等，航空移动环境的 Rice k 因子取自文章 *Aeronautical Channel Modeling*。

标准信道模型在移动通信中广泛使用，但无郊区环境的信道模型，这是因为不同组织对环境的分类与定义有所不同。在郊区环境下可按城市环境选择参数。

3.6 衰落模型对仿真测试结果影响测试及修正和使用方法

多径衰落的信道特性来源于信道测试及测试数据的统计分析，却不能解决普遍性与特殊性之间的矛盾，也不能解决有限与无限之间的矛盾。为了得到某一时刻、某一环境的真实信道特性，最可靠的方法是进行实时、实地测试。但在实验室环境下，想通过实时、实地测试数据构建衰落模型，可行性不大，典型情况测试的数据建立的模型,也只能反映该时刻,该环境条件下的信道特性。如地空传播环境,不同机型、飞行高度、飞行速度、通信距离的组合往往对应不同的衰落模型。仿真测试时,一种传播环境条件一般使用一种衰落模型,难以客观反映多径衰落对通信效果影响,难以得出统计意义上的试验结论。为解决这个问题,一般有三种方法:一是实测穷尽传播环境条件下对应的典型衰落模型,但这种方法费时费力,试验时间长,可操作性不强;二是找出不同衰落模型对通信效果的差异,通过几种典型衰落模型完成仿真测试,其他衰落模型通过等效推算的方式,给出多种衰落模型统计意义上的通信效果;三是测试不同衰落模型参数对应输出信号幅度概率密度函数图。当有实测信号数据支持时,可将实测信号和通过衰落模型的输出信号的概率密度函数分布图进行比对,建立合适的仿真模型。

3.6.1 衰落模型对仿真测试结果影响测试

在模拟的地空通信仿真链路中,假设飞机飞行高度为 8000m,飞行速度为 1500km/h,机载发射电台发射功率为 15W,收发天线增益均为 0dB。

当仿真链路中分别加载常量、超短波地空航空移动业务、丘陵、城市、室内模型(Indoor Office)A 和 B、室内到室外模型(Indoor to Outdoor)A 和 B、车载(Vehichular)模型 A 和 B 时,最大通信距离为 269.9~309.5km。结果如图 3-16 所示。

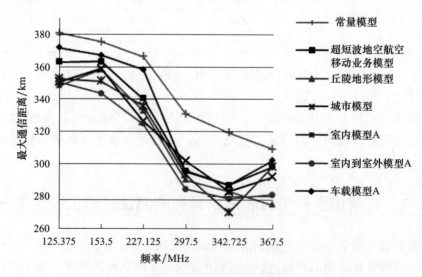

图 3-16 不同衰落模型最大通信距离结果统计图

当仿真链路中分别加载 1 抽头至 5 抽头衰落模型条件时，最大通信距离为 281.7～307.9km。结果如图 3-17 所示。

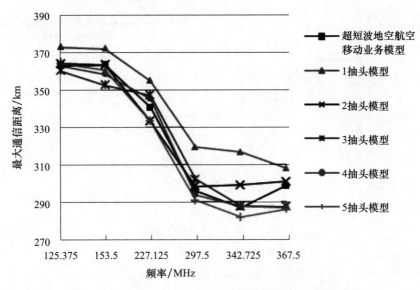

图 3-17　不同抽头数衰落模型最大通信距离结果统计图

当超短波地空航空移动业务衰落模型中相对时延参数设置为不同时延值时，最大通信距离为 284.1～297.5km。结果如图 3-18 所示。

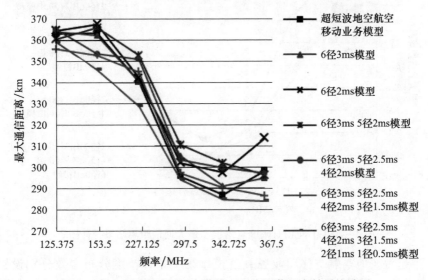

图 3-18　不同相对时延衰落模型最大通信距离结果统计图

当超短波地空航空移动业务衰落模型中相对幅参数值设置为不同幅度值时,最大通信距离为 270.9~300.5km。结果如图 3-19 和图 3-20 所示。

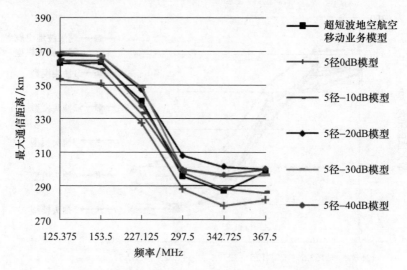

图 3-19　不同相对幅度衰落模型最大通信距离结果统计图 1

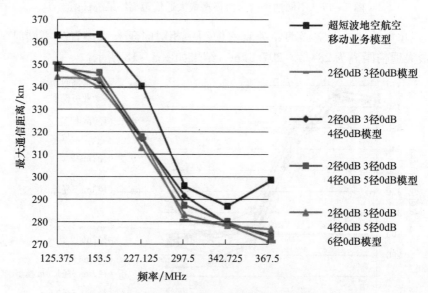

图 3-20　不同相对幅度衰落模型最大通信距离结果统计图 2

当超短波地空航空移动业务衰落模型第 1 条径幅度分布参数分别设置为 Classical、Flat、高斯、Lognormal、Nakagami、Pure Doppler、Suzuki 时,最大通信距离分别为 260.8~303.8km。结果如图 3-21 所示。

当超短波地空航空移动业务衰落模型第 1 条径多普勒谱参数分别设置为高斯、Flat、Butterworth、Rounded、Pure Doppler，最大通信距离为 288.9 ~ 306.2km。结果如图 3 – 22 所示。

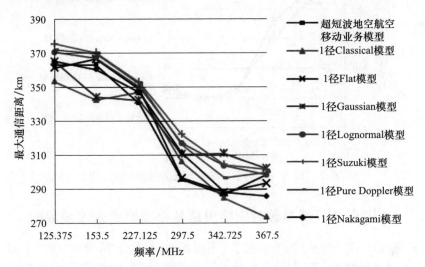

图 3 – 21　不同幅度分布衰落模型最大通信距离结果统计图

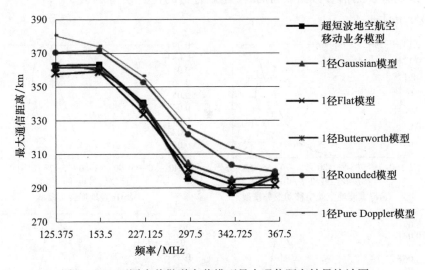

图 3 – 22　不同多普勒谱衰落模型最大通信距离结果统计图

当超短波地空航空移动业务衰落模型 Rice k 因子参数分别设置为 2dB、6dB、10dB、20dB，最大通信距离为 287.6 ~ 302.9km。结果如图 3 – 23 所示。

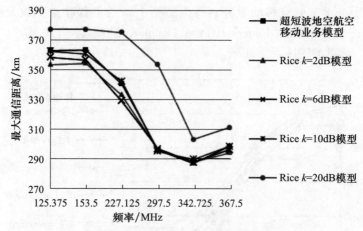

图 3-23 不同 Rice k 因子衰落模型最大通信距离结果统计图

3.6.2 不同衰落模型参数对应输出信号幅度概率密度函数图

分别统计了衰落模型,不同抽头、不同相对时延、不同相对幅度、不同幅度分布、不同多普勒谱、不同 Rice k 因子等参数条件下,输出信号的概率密度曲线。以期有实测信号数据支持时,可建立合适的仿真模型。图 3-24(a)~(h)是部分统计曲线。

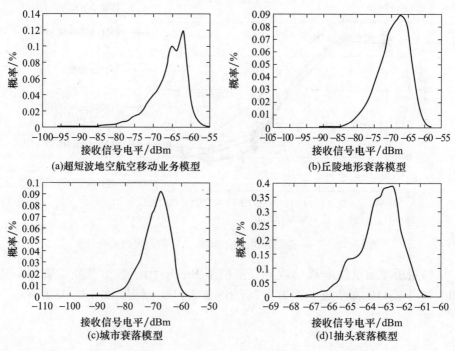

(a) 超短波地空航空移动业务模型
(b) 丘陵地形衰落模型
(c) 城市衰落模型
(d) 1 抽头衰落模型

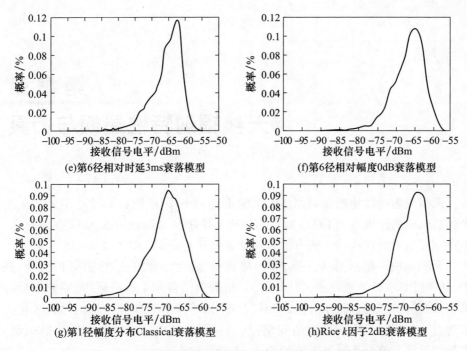

图 3-24 不同衰落模型参数输出信号概率函数分布曲线图

第 4 章
天线辐射特性建模与仿真

天线辐射特性建模是通信仿真试验重要的一环,模型仿真计算结果事关整个仿真试验的精度与可信度,因此,研究天线建模与验证方法具有重要意义。本章主要从天线建模的一般方法及验证方法进行介绍。

天线建模一般区分为三类,即严格解析法、近似解析法、数值分析法等,其中,随着计算机计算速度及云计算的发展,数值法得到了普遍运用,原先海量计算,可用差商代替微商,用有限求和代替积分,将求解微积分方程的问题转化为求解差分方程或代数方程组的问题,然后利用计算机求出电流分布的数值解。常见的天线数值分析分类方法如图 4-1 所示。

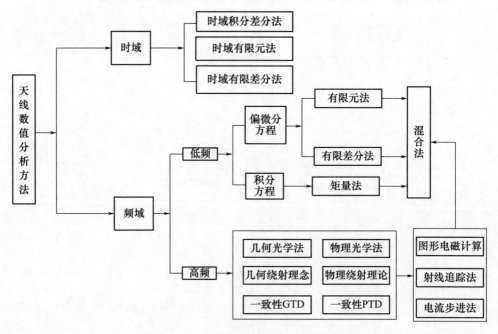

图 4-1 天线建模一般数值分析方法

4.1 天线建模中的主要方法

目前,国际上比较通用的商业电磁特性计算软件大都采用图 4-1 所示的方法,如 AnsoftHFSS 主要采用有限元法、FEKO 核心算法采用矩量法、XFDTD 采用时域有限差分法。下面针对这三类方法的基本原理做一简要介绍。

4.1.1 有限元法

有限元法(FEM)的基本概念是用较简单的问题代替复杂问题后再求解,是于 20 世纪 50 年代末 60 年代初兴起的应用数学、现代力学及计算机科学相互渗透、综合利用的边缘科学。有限元法的基础是变分原理和加权余量法,其基本求解思想是把计算域划分为有限个互不重叠的单元,在每个单元内,选择一些合适的节点作为求解函数的插值点,将微分方程中的变量改写成由各变量或其导数的节点值与所选用的插值函数组成的线性表达式,借助于变分原理或加权余量法,将微分方程离散求解。采用不同的权函数和插值函数形式,便构成不同的有限元法。在有限元法中,把计算域离散剖分为有限个互不重叠且相互连接的单元,在每个单元内选择基函数,用单元基函数的线形组合来逼近单元中的真解,整个计算域上总体的基函数可以看作由每个单元基函数组成的,则整个计算域内的解可以看作是由所有单元上的近似解构成的。有限元法主要特点如下。

(1)网格剖分的疏密以及形状具有机动性。即同一剖分区域,根据场变化的情况,一些地方剖分得较密,其他地方较疏,这样可以根据需要相应地减小计算量,提高效率。网格形状的优劣,也会对结果造成影响,因此,常常还需要对网格进行调整优化等。

(2)用有限元法最终把分析对象转化成代数方程组后,其高阶系数矩阵具有对称等特征,可以采用特殊的处理方法,如对非零元素的变带宽压缩存储等,最终生成的总系数矩阵将是稀疏矩阵。这样就会给计算机内存和运算带来便利,提高效率。

(3)由于第二、第三类边界条件是自动满足的,所以无需特殊处理,仅需要对第一类边界条件做特殊处理。

(4)有限元法的各个步骤不是紧密相连、环环相扣的,容易用代码进行移植。目前应用较广泛的软件有 ANSYS、ANSOFT HFSS 等。

有限元法的基本原理如下。

有限元法,按照获取方程组途径的不同,分为两种:伽略金(Galerkin)有限元法和变分有限元法。前者就是我们常说的有限元法,它的指导思想分为三个层次:一是问题的转化,即把边值问题的求解转化成泛函问题;二是方程组的转化,就是将麦克斯韦方程组转化为最终的代数方程组;三是场量的转化,把连续的场量离散化。因此,当求解电磁问题用到有限元法时,就要注意三个层次的把握,只有做好了这三个层次的工作,才是正确、有效、快速地解决问题的可靠途径。

1. 电磁场边值问题以及与之对应的泛函

对于电磁场边值问题,根据给定的边界条件,拉普拉斯方程或泊松方程即有唯一解。一般来说,边界条件有以下三种。

第一类边界条件:所求的位函数在区域边界的值为已知函数:

$$\phi = f(x) \qquad (4-1)$$

第二类边界条件:所求的位函数在边界区域上的法向方向导数为已知函数:

$$\frac{\partial \varphi}{\partial n} = f(x) \qquad (4-2)$$

第三类边界条件:位函数及法向导数的线性组合已知:

$$\varphi + f_1(x)\frac{\partial \varphi}{\partial n} = f_2(x) \qquad (4-3)$$

所对应的泛函求解极值方程分别为

$$F(\phi) = \frac{1}{2}\int_v \varepsilon |\nabla \phi|^2 dV - \int_v \rho \phi dV = \min \qquad (4-4)$$

$$F(\phi) = \frac{1}{2}\int_v [\varepsilon |\nabla \phi|^2 - 2\rho \phi] dV - \int_s \varepsilon \left(f_2 \phi - \frac{1}{2} f_1 \phi^2\right) ds = \min \qquad (4-5)$$

这三种边界条件中第一、二类边值问题对应的泛函方程为式(4-4),第三类边值问题对应的泛函方程为式(4-5)。利用泛函求解极值的过程中,第一类边界条件并不能自动满足,必须由人来手动解决,称为强加边界条件,而与之对应的称为条件变分问题。第二、三类条件则可以自动满足,就又称为自然边界条件,与之对应的则称为无条件变分问题。

2. 有限元方程的求解

建立相应的泛函后,接下来要做的工作就是区域的剖分离散,即

$$W\varphi = P \qquad (4-6)$$

$$\phi|_{x1} = f(x) \qquad (4-7)$$

式(4-6)和式(4-7)就是经过泛函离散后获得的有限元方程组。直接法、迭代法以及优化算法都是目前求解的主要方法。

(1)直接法是最简单的方法,理论上有限次数的计算,便可得到问题的解,但考虑到计算机内存和字长的因素,结果不会很精确。与此同时,计算结果的准确度会随着有限元方程系数矩阵阶数的增加而明显降低。因此,该方法适用

于系数矩阵阶数较低时。

(2)迭代法,中心思想其实就是一种极限的思想,就是使得方程近似于线性方程组,然后利用求解线性方程组的方法从而求得精确解。通过编写代码的方法可以实现迭代法,但与(1)存在类似的问题,当出现很多次迭代时,受计算机内存的影响,计算速度会很慢,相应时间变得很长。

(3)优化算法的第一步是设定初始值,然后在分析对象的求解范围内确定一个使得对象函数值不断减小的方向和步长,然后不断继续下去,直到满足预先设定的收敛误差为止。

3. 有限元网格的划分

用有限元法进行分析的首要任务就是对分析对象进行逻辑分析,用数学语言进行描述,将需要描述的区域进行离散、剖分。网格形状划分的优劣,会对计算结果造成不同程度的影响。对求解区域进行快速有效地剖分这一问题,曾经是有限元法发展的一个关键。但随着科学技术的进步,在该方法的演进上,涌现出了很多分支方法,自适应网格剖分就是其中的代表。

进行求解剖分时,需要遵循以下规范。

(1)几何规范。在形状多变的几何区域,需要对其进行较密的剖分。另外,对于边界区域,节点的设置应使得能够还原几何形状。网格形状尽量正常,避免奇形怪状的区域出现。

(2)技术规范。在需要细致分析的部分,需要更细化的网格划分。

(3)物理规范。区域剖分密度在场量变化较大的地方,应该适当高些。当得到了初始的网格后,一般来说,还需要对其进行加密细分,以期更适用于仿真情况。另外,网格形状的优劣,也会对计算结果造成影响,因此,常常还需要对生成的网格进行调整优化等。

4. 有限元法的建模

对于有限元方法,其解题步骤可归纳如下。

(1)建立积分方程。根据变分原理或方程余量与权函数正交化原理,建立与微分方程初边值问题等价的积分表达式,这是有限元法的出发点。

(2)区域单元剖分。根据求解区域的形状及实际问题的物理特点,将区域剖分为若干相互连接、不重叠的单元。区域单元划分是采用有限元方法的前期准备工作,这部分工作量比较大,除了给计算单元和节点进行编号和确定相互之间的关系之外,还要表示节点的位置坐标,同时还需要列出自然边界和本质边界的节点序号和相应的边界值。

(3)确定单元基函数。根据单元中节点数目及对近似解精度的要求,选择满足一定插值条件的插值函数作为单元基函数。有限元法中的基函数是在单元中选取的,由于各单元具有规则的几何形状,在选取基函数时可遵循一定的法则。

(4)单元分析。将各个单元中的求解函数用单元基函数的线性组合表达式进行逼近;再将近似函数代入积分方程,并对单元区域进行积分,可获得含有待定系数(即单元中各节点的参数值)的代数方程组,称为单元有限元方程。

(5)总体合成。在得出单元有限元方程之后,将区域中所有单元有限元方程按一定法则进行累加,形成总体有限元方程。

(6)边界条件的处理。一般边界条件有三种形式,分为本质边界条件(狄里克雷边界条件)、自然边界条件(黎曼边界条件)、混合边界条件(柯西边界条件)。对于自然边界条件,一般在积分表达式中可自动得到满足。对于本质边界条件和混合边界条件,需按一定法则对总体有限元方程进行修正满足。

(7)解有限元方程。根据边界条件修正的总体有限元方程组,是含所有待定未知量的封闭方程组,采用适当的数值计算方法求解,可求得各节点的函数值。

4.1.2 矩量法

矩量法是一种将连续方程离散化成代数方程组的方法,它既适用于求解微分方程,又适用于求解积分方程。由于已有有效的数值计算方法求解微分方程,故目前矩量法大都用来求解积分方程。

矩量法以线性空间理论为基础,通过把未知函数展开成线性无关基函数的级数表达式并与适当选择的权函数求内积的方法,把积分方程转换成线性代数方程组,通过求矩阵元素和矩阵求逆方法最后得出未知函数解。矩阵元素为基函数和权函数的内积,其量纲为阻抗。在把积分方程变换成矩阵方程时,一般采用点匹配方法,这样可以少计算一个积分。这是在选定的匹配点上电场强度满足边界条件的方法。在匹配点之外的所有区域,电场不满足边界条件,因此,在这些方法中,匹配点的选择非常重要,所以,计算经验非常重要,而且还要通过数值计算方法验证所得解的可信性。

根据线性空间的理论,N 个线性方程的联立方程组、微分方程、差分方程、积分方程都属于希尔伯特空间中的算子方程,这类算子可化为矩阵方程求解,设有算子方程:

$$L(f) = g \quad (4-8)$$

式中:L 为算子,可以是微分方程、差分方程或积分方程;g 是已知函数,如激励源;f 为未知函数,如电流。算子 L 的定义域为算子作用于其上的函数 f 的集合。算子 L 的值域为算子在其定义域上运算而得的函数 g 的集合。

对于电磁场问题,算子方程为

$$L(\bar{J}) = \bar{E}_i \quad (4-9)$$

(1) 设基函数为 $J_n(n=1,2,\cdots,N)$,则有

$$J = \sum_n I_n J_n \tag{4-10}$$

基函数有全域基和子域基。对于给定问题,选取的基函数越接近实际解,则方程组的要求越简单,计算量最小,收敛越快。在天线问题中,基函数 J_n 越接近于辐射体上的实际电流分布,那么方程组的收敛性越好,计算量越少,而且在某些条件下,阻抗矩阵的条件(稳定性)就越好。基函数的选择对阻抗矩阵的稳定性有显著的影响。基函数有两大类:第一类是全域基函数(整域基函数),即在整个定义域内定义基函数;第二类是子域基函数(分域基函数),它只对定义域内的一部分定义,而在其他部分定义域内为零。

常见的全域基函数包括傅里叶级数、幂级数、切比雪夫、勒让德、正弦分布等,优点是收敛快,缺点是未知函数的特性往往事先并不了解或很难用一个函数在全域上描述它,因此无法选择合适的全域基函数,有时即使找到了合适的全域基函数,由于算子本身很复杂,同时求内积运算会使积分变得更复杂,所以大大增加了计算量。

常见的子域基函数包括分段均匀函数(脉冲函数)、三角波函数、分段正弦、二次插值、正弦插值等,此方法适合于分段处理,即用 N 个线段来逼近。优点是简单、灵活,不受未知函数特性的约束,使用方便;缺点是收敛比较慢,欲得到同全域基一样的精度,需要更多的分段数目。对于一般的线天线,最重要的分域基近似是分段常数近似,分段线性近似与分段正弦近似,其中后两种近似有可能使构成的基函数在广义导线的终端及连接处自动满足连续性方程。

(2) 权函数为 $W_m(m=1,2,\cdots,N)$。权函数选择主要有点匹配法、伽略金法等,点匹配法有全域基点匹配法、脉冲基点匹配、分段基点匹配。伽略金法是检验函数的选择与基函数相同,即

$$\overline{W}_m = \overline{J}_m \tag{4-11}$$

(3) 代入式(4-9),并利用其线性特性:

$$\sum_n I_n L_{op}(\overline{J}_n) = (\overline{E}_i) \tag{4-12}$$

用权函数对式(4-12)两边取内积(内积为两矢量的点积在表面积分所得到的标量):

$$\sum_n I_n <\overline{W}_m, L_{op}(\overline{J}_n)> = <\overline{W}_m, \overline{E}_i> \tag{4-13}$$

(4) 矩阵方程为

$$[\bm{Z}][\bm{I}] = [\bm{V}] \tag{4-14}$$

其中

$$[Z] = \begin{bmatrix} <\overline{W}_1, L_{op}\overline{J}_1> & <\overline{W}_1, L_{op}\overline{J}_2> & <\overline{W}_1, L_{op}\overline{J}_N> \\ <\overline{W}_2, L_{op}\overline{J}_1> & <\overline{W}_2, L_{op}\overline{J}_2> & <\overline{W}_2, L_{op}\overline{J}_N> \\ <\overline{W}_N, L_{op}\overline{J}_1> & <\overline{W}_N, L_{op}\overline{J}_2> & <\overline{W}_N, L_{op}\overline{J}_N> \end{bmatrix}$$

$$[I] = [I_1, I_2, \cdots, I_N]$$

$$[V] = [<\overline{W}_1, \overline{E}_i> \quad <\overline{W}_2, \overline{E}_i> \quad <\overline{W}_N, \overline{E}_i>]$$

用求逆方法求解,可利用 Z 的对称性,以节省计算时间:

$$[I] = [Z]^{-1}[V] \quad (4-15)$$

矩量法的主要功能在于数值求解算子方程的未知函数(如电流分布),一旦求出天线上的电流分布,其他问题便容易解决了,矩量法的计算流程如图 4-2 所示。

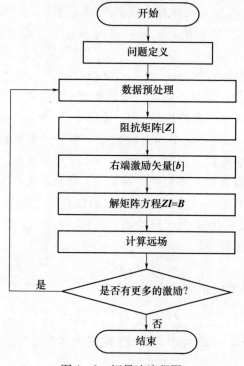

图 4-2 矩量法流程图

目前,一些商用天线仿真软件是基于时域有限差分方法的,如 FEKO,它是基于著名的矩量法(MoM)对麦克斯韦方程组求解,可以解决任意复杂结构的电磁问题,是世界上第一个把多层快速多极子(Multi-Level Fast Multipole Method,MLFMM)算法推向市场的商业代码,在保持精度的前提下大大提高了计算效率，使得精确仿真电大问题成为可能（典型的如简单介质模型的 RCS、天线罩、介质透镜）。在此之前，求解此类问题只能选择高频近似方法。FEKO 中有两种高频近似技术可用：一个是物理光学（PO）；另一个是一致性绕射理论（UTD）。在 MoM 和 MLFMM 需求的资源不够时，这两种方法提供求解的可能性。FEKO 广泛应用于包括线天线、面天线、喇叭天线、反射面天线、相控阵天线、微带天线等各种天线结构的设计中，计算和优化各种关心的天线性能参数。

4.1.3 时域有限差分法

时域有限差分法（FDTD）近几年来越来越受到各方的重视，因为一方面它处理庞大的电磁辐射系统方面和复杂结构的散射体时很突出，另外一方面则在于它不是传统的频域算法，它是一种时域算法，直接依靠时间变量求解麦克斯韦方程组，可以在有限的时间和体积内对场进行数据抽样，这样同时也能够保证介质边界条件自动满足。时域有限差分法可以看作是在时域内对空间电磁波传播过程的数字拟合，它是法拉第电磁感应定律的很好体现。在时域有限差分法中，还应该注意色散的问题。因为色散会致严重的后果，如绕射、波形畸变以及各向异性等。造成色散是因为在时域有限差分法剖分的网格中，模拟的波的波速会随着传播方向、波长等发生变化。与此同时，为了保证时域有限差分算法的精确性，对不同剖分的网格以及介质边界产生的色散，也要做定量的分析研究。对计算自由空间的电磁问题，由于计算机只能模拟有限的空间，所以网格不可能无限大，这就要求网格在引起明显的色散的情况下进行截断，就能使得在剖分区域内的传播就像在自由空间一样。

目前，一些商用天线仿真软件是基于时域有限差分方法的，如 XFdtd。它是直接对麦克斯韦方程的微分形式进行离散的时域方法，适合解决电大尺寸的天线、天线阵列设计、电中小尺寸的天线、天线罩的仿真和设计、各类载体的天线布局问题等。XFdtd 采用共形网格技术，针对微带贴片天线、共形天线、螺旋天线、抛物面天线、喇叭天线、分集天线等可以高效快速的建模及仿真。由于软件采用时域方法，窄带脉冲激励，一次仿真即可获得整个宽频带结果，非常适合模拟各类型超宽带天线。

XFdtd 可以对天线安装在载体后的特性进行预测。飞机、舰船、车辆、弹体等对天线的近场影响较大，可能导致天线的远场特性畸变。通过 XFdtd 提前进行预测，省去大量实装试验时间及经费。

XFdtd 可以预测载体上多天线之间的耦合。飞机、舰船、车辆、弹体等载体上通常搭载多副天线，天线之间可能会出现严重干扰，采用 XFdtd 提前预测天线之间的耦合，并对天线位置进行优化，可以降低近频天线之间的干扰。

4.2 典型天线辐射特性建模与仿真

本节主要利用矩量法对两类常用天线进行建模并仿真:一类是形状简单的偶极天线,其在短波、超短波电台有着较为普遍的应用;另一类是形状较为复杂的对数周期偶极子天线,其各臂长为偶极子。本节的工作为天线建模做一示例。

4.2.1 偶极天线建模与仿真

偶极天线(双极天线)由两根直径和长度相等的直导线组成,其在短波及超短波无线通信设备有较为广泛的应用。其结构如图4-3所示。

图4-3中,偶极天线是一圆柱天线,对称振子的臂长为 L,基半径为 a,放在参数为 ε 和 μ 的一个均匀介质媒质中,外加时谐电场 E 中,其角频率为 w。将偶极天线分为 $(N+1)$ 段,分段长度如图4-4所示,第 n 小段长度为 ΔZ_n,选取分段正弦基函数为电流展开函数,即

$$S_n(z'-z_n) = \begin{cases} \dfrac{\sin[k(\Delta z_n - |z'-z_n|)]}{\sin k\Delta z_n} & |z'-z_n| \leqslant \Delta z_n \\ 0 & |z'-z_n| > \Delta z_n \end{cases} \quad (4-16)$$

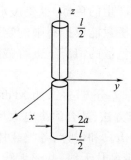

图4-3 偶极天线结构

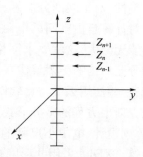

图4-4 分段示意图

天线上的电流可表示为

$$I(z') = \sum_{n=1}^{N} I_n S_n(z'-z) \quad (4-17)$$

由于天线表面电流必须满足边界条件,即

$$\hat{n} \times E = 0 \quad (4-18)$$

所以,天线表面电流产生的散射场与入射场有下列关系:

$$E^s = -E^i \quad (4-19)$$

交换积分和求和次序,并进行整理可得

第4章 天线辐射特性建模与仿真

$$\sum_{n=1}^{N} I_n \int_{Z_n-\Delta Z_n}^{Z_n+\Delta Z_n} S_n(z'-z_n) \cdot \left[\frac{\partial G(z,z')}{\partial z^2} + k^2 G(z,z')\right] dz' = -jw\varepsilon E_z^i(z) \quad (4-20)$$

上式中的积分代表了分段正弦函数 $S_n(z'-z_n)$,即在 $Z_n-\Delta Z_n$ 和 $Z_n+\Delta Z_n$ 间电流分布产生的场。令

$$E_{Z_n}(z) = \int_{Z_n-\Delta Z_n}^{Z_n+\Delta Z_n} S_n(z'-z_n) \cdot \left[\frac{\partial G(z,z')}{\partial z^2} + k^2 G(z,z')\right] dz' \quad (4-21)$$

于是

$$\sum_{n=1}^{N} I_n E_{Z_n}(z) = -E_z^i(z) \quad (4-22)$$

采用伽略金方法,选取检验函数 $W_m = S_m(z-z_m)$ 对式(4-22)两边同时求内积得

$$\sum_{n=1}^{N} I_n \int_{Z_n-\Delta Z_n}^{Z_n+\Delta Z_n} S_n(z'-z_n) \cdot E_{Z_n}(z) dz = \int_{Z_n-\Delta Z_n}^{Z_n+\Delta Z_n} S_n(z'-z_n) \cdot E_Z^i(z) dz \quad (4-23)$$

将式(4-23)改写成矩阵形式为

$$\bm{ZI} = \bm{V} \quad (4-24)$$

Z 矩阵元素可表示如下:

$$Z_{nm} = \int_{Z_m-\Delta Z_m}^{Z_m+\Delta Z_m} S_m(z'-z_m) \cdot E_{Z_n}(z) dz \quad (4-25)$$

V 的元素表示为

$$V_m = \int_{Z_m-\Delta Z_m}^{Z_m+\Delta Z_m} S_m(z'-z_m) \cdot E_z^i(z) dz \quad (4-26)$$

对于线天线辐射问题,**V** 表示外加电源。

在矩量法计算天线过程中,最主要的就是建立散射矩阵 $\bm{Z_{nm}}$。在采用部分重叠的正弦伽略金方法中,最早是由 Richmond 导出散射矩阵的解析表达式,但它只是用振子两臂半径相同的情况下。随后,金元松教授通过分离场表达式中电流、线上分布电荷和端电荷贡献项的方法,重新对散射矩阵表达式进行了推导,得到出了更具一般性的解析表达式,即

$$Z_{il} = (-1)^{i+l} B_{il} [e^{jks_{n1}}(F_{i1} - e^{-jks_{m1}}G_{12} + e^{jks_{m1}}G_{22}) -$$
$$e^{-jkz_{n1}}(F_{i2} - e^{-jkz_{m1}}G_{11} + e^{jkz_{m1}}G_{21}) + e^{jkz_{m1}}H_{l1} - e^{-jkz_{m1}}H_{l2}] \quad (4-27)$$

其中

$$n_1 = 2/l, m_1 = 2/i, B_{il} = 7.5/\sin(kd_i)\sin(kd_l)$$

$$G_{il} = \sum_{p=-1}^{1} e^{-k\beta}[[[E_i(-jk(r+nt+mz+jp\beta))]_{z1}^{z2}]_{t1}^{t2} + j2N\pi]$$

$$F_{il} = j2\sin(kd_1)e^{jnz_i\cos\psi}E_i(-jk(R_i+nz_i\cos\psi-nt))\big|_{t1}^{t2}$$

$$H_{il} = j2\sin(kd_2)e^{jnt_i\cos\psi}E_i(-jk(R_{ti}+nt_i\cos\psi-nz))\big|_{z1}^{z2}$$

$$p = \pm 1, n = (-1)^l, m = (-1)^i, \beta = (\cos\psi + mn)\frac{H}{\sin\psi}$$

$$R_i = (H^2 + t^2 + z_i^2 - 2z_i t\cos\psi)^{1/2}, R_{ti} = (H^2 + t_i^2 + z^2 - 2zt_i\cos\psi)^{1/2}$$

式中：H 表示两个单极子之间的垂直距离；ψ 表示它们的夹角；E_i 表示指数积分函数。上式为两个单极子之间的互阻抗。

用矩量法对自由空间的各种天线辐射进行计算，远区辐射场的计算，对任意的细导线天线，若已求得了其上的电流分布，则可以计算其远区的辐射场：

$$\bm{E}_{(r_0)} = -\mathrm{j}\eta k g_{(r_0)}[\hat{\bm{i}}_\theta(\hat{\bm{i}}_\theta\cdot\hat{s}) + \hat{\bm{i}}_\varphi(\hat{\bm{i}}_\varphi\cdot\hat{s})]\mathrm{e}^{\mathrm{j}k\hat{r}_0\cdot\bm{r}_s}\int_{s1}^{s2}I_{(s')}\mathrm{e}^{\mathrm{j}k s\hat{r}_0\cdot\bm{r}_s}\mathrm{d}s' \quad (4-28)$$

式中：$\hat{i}_\theta$、$\hat{i}_\varphi$ 是球坐标系的单位矢量；η 是媒质的特性阻抗，通过上面的计算可得到远区的电场，其中 $g_{(r)} = \dfrac{\mathrm{e}^{-\mathrm{j}kr}}{4\pi r}$，故最大方向的增益为

$$G = \frac{E_{\max}^2 r_0^2}{30 P_{\mathrm{in}}} \quad (4-29)$$

式中：P_{in} 为天线的输入功率。

例：现有一副偶极天线的工作参数：偶极天线的工作频率范围为 30～80MHz；天线半臂长 $l = 84.9\mathrm{cm}$；架设高度 $h = 10\mathrm{m}$；极化方式为垂直或水平；电导率 $\sigma = 0\sim\infty$；电常数 $\varepsilon = 10$。

利用所建模型，频点为 30MHz 时，偶极天线环境为自由空间（$\sigma = 0$）、理想导电面（$\sigma = 100000$）及实际地面（$\sigma = 10$）时 E 面方向图的仿真结果如图 4-5～图 4-7 所示。

（1）自由空间。

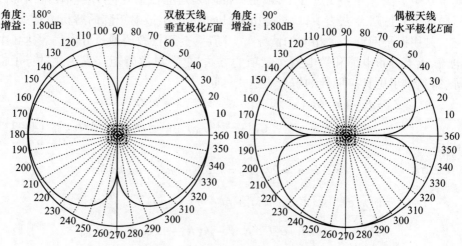

图 4-5 30MHz 自由空间垂直极化/水平极化 E 面方向图

(2)理想导电面。

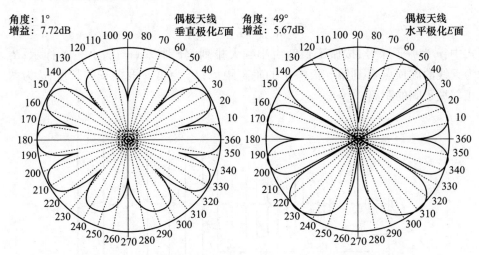

图4-6 30MHz 理想导电面垂直极化/水平极化 E 面方向图

(3)实际地面。

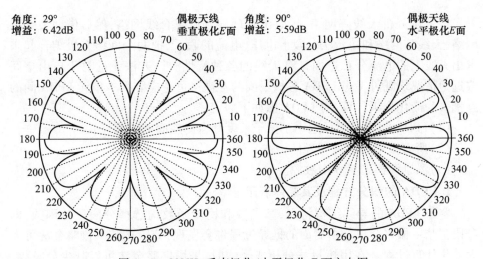

图4-7 30MHz 垂直极化/水平极化 E 面方向图

4.2.2 对数周期偶极子天线建模与仿真

对数周期偶极子天线在短波与超短波无线通信设备有较为广泛的应用,对数周期偶极子天线的结构示意如图4-8所示,它是由 N 根平行排列的对称振子构成,其结构特点是各振子的尺寸、位置与振子的序号有关,它们是按比例因

子 τ 构成,即

$$\tau = \frac{R_{p+1}}{R_p} = \frac{L_p}{L_{p+1}} = \frac{d_p}{d_{p+1}} \quad (4-30)$$

式中:p 为振子序号,按振子长度由小到大排列,分别以 $p = 1, 2, \cdots, N$ 标示;R_p 为天线的虚顶点 O 到第 p 根振子的垂直距离;L_p 为第 p 根振子的长度;d 为两相邻振子间的距离。

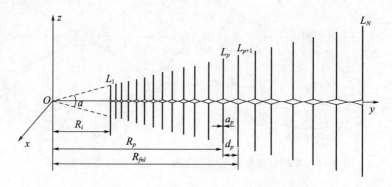

图 4-8 对数周期偶极子天线结构示意图

矩量法分析天线阵网络,等效电路理论分析集合线网络,然后借助集合线网络、天线阵网络和矩量法分段上电压、电流的联系,把两个网络有机结合起来求出天线上的电流分布进而计算天线的各种特性。该方法无论对于自由空间或近地情况均既可考虑 LPDA 各振子间的互耦又可考虑阵列中单元 LPDA 间的互耦。为简化分析计算,对 LPDA 做如下假定。

(1) LPDA 的振子半径远小于振子长度和自由空间的工作波长。
(2) 所有振子均由理想导体构成。
(3) 激励源模型为 δ 函数源。

1. LPDA 的积分方程及其矩阵表示

鉴于 LPDA 的导线结构特点,基函数和检验函数均选择分段正弦函数,即分段正弦-伽略金法。由后面的推导过程将会发现,分段正弦-伽略金法可大大简化计算过程。在用矩量法分析线天线时,采用伽略金法可以减少分段数,其计算结果表明,一般情况下,采用伽略金法时,分段间隔 $\Delta h = 0.05\lambda$ 即可满足精度要求,而脉冲基-点匹配法则要求分段间隔 Δh 与导线的直径同数量级方可满足同样精度。对于图 4-8 所示的 LPDA,设第 p 根振子上的电流分布为

$$I_p(z) = \sum_{n=1}^{M_p} I_{p,n} S_{p,n}(z) \quad (4-31)$$

其中

$$S_{pn}(z) = \begin{cases} \dfrac{\sin k_0(h_p - |z - z_n|)}{\sin k_0 h_p} & z_{n-1} \leq z \leq z_{n+1} \\ 0 & \text{其他} \end{cases}$$

为分段正弦基函数,$p = 1,2,\cdots,N$ 为振子序号,$n = 1,2,\cdots,M_p$ 为分段节点的序号,$h_p = L_p/(M_p + 1)$ 为第 p 根振子上的分段长度,$k_0 = \omega\sqrt{\varepsilon_0\mu_0}$ 为自由空间波数,$M_p + 1$ 为第 p 根振子上的分段数,且 M_p 为奇数,分段节点(包括两端点)为

$$z_n = -0.5L_p + nh_p \quad n = 0,1,2,\cdots,M_p + 1$$

对于自由空间的 LPDA,单根振子的导体表面电场的切线分量为

$$E_z^s = \frac{1}{j\omega\varepsilon_0}\left(\frac{\partial^2}{\partial z^2} + k_0^2\right)\int_{-\frac{L}{2}}^{\frac{L}{2}} I(z')G(z,z')\,\mathrm{d}z' \tag{4-32}$$

将式(4-35)代入式(4-36)可得各振子上的电流在第 q 根振子表面上的散射场为

$$E_z^s = \sum_{p=1}^{N}\frac{1}{j\omega\varepsilon_0}\int\left(\frac{\partial^2}{\partial z^2} + k_0^2\right)I_p(z')g(x_q,y_q z \mid x_p,y_p,z')\,\mathrm{d}z' \tag{4-33}$$

简化为

$$E_z^s = \frac{1}{j\omega\varepsilon_0}\sum_{p=1}^{N}\sum_{n=1}^{M_p} I_{pn}E_{pn}(x_q,y_q,z) \tag{4-34}$$

其中

$$E_{p,n}(x_q,y_q,z) = \frac{k_0}{\sin k_0 h_p}[g(x_q,y_q,z \mid x_q,y_q,z_{n-1}) + g(x_q,y_q,z \mid x_q,y_q,z_{n+1}) -$$

$$2\cos k_0 h_p g(x_q,y_q,z \mid x_q,y_q,z_n)]g(x_q,y_q,z \mid x_q,y_q,z_n)$$

$$= \frac{\exp(-jk_0 R_{0n})}{4\pi R_{0n}}$$

$$R_{0n} = \sqrt{a_p^2 + (x_q - x_p)^2 + (y_q - y_p)^2 + (z - z_n)^2}$$

a_p 为第 p 根振子的半径,当场、源点在同一根振子上时 $\alpha_p \neq 0$,则 $\alpha_p = 0$。

在第 q 根振子表面满足关系

$$E_z^s = -E_z^i \tag{4-35}$$

采用伽略金(Galerkin)法,取检验函数 $W_{q,m}(z) = S_{q,m}(z)$,经内积计算,得

$$\sum_{p=1}^{N}\sum_{n=1}^{M_p} I_{p,n} Z_{mn}^{pq} = V_{q,m} \tag{4-36}$$

其中

$$Z_{mn}^{pq} = -\frac{1}{j\omega\varepsilon_0}\int_{Z_{m-1}}^{Z_{m+1}} S_{q,m}(z) E_{p,n}(x_q,y_q,z)\,\mathrm{d}z$$

$$V_{q,m} = \begin{cases} U_{Aq} & \text{在点}(x_q, y_q, 0)\text{处} \\ 0 & \text{其他} \end{cases}$$

式中：U_{Aq} 为第 q 根振子的激励电压；$q = 1, 2, \cdots, N; m = 1, 2, \cdots, M_q$。

设 N 个对称振子共分成 $NN + N$ 段，每个振子分成偶数段，分别为 $M_1 + 1$，$M_2 + 1, \cdots, M_N + 1$，其中 $M_1, M_2, \cdots, M_N$ 为奇数。对除两端点外的天线分段节点进行统一编号，如图 4-9 所示。

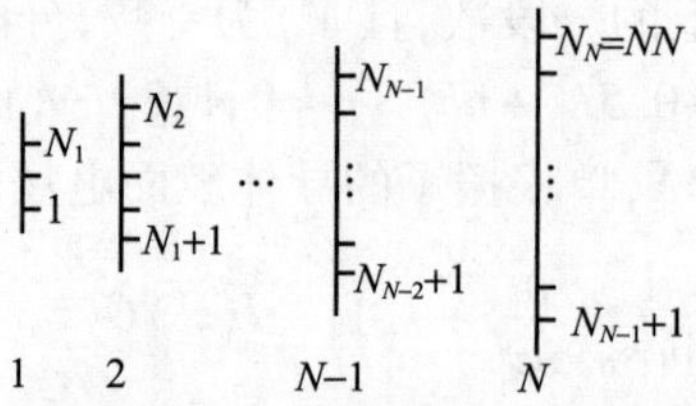

图 4-9 对数周期偶极子天线 N 个偶极子分段示意图

M_i 和 N_i 有如下关系：

$$M_1 = N_1, M_i = N_i - N_{i-1} \quad i = 2, 3, \cdots, N \tag{4-37}$$

则

$$U_M = Z_M I_M \tag{4-38}$$

式中：U_M、I_M 分别为 NN 维电压列矢量和电流列矢量；Z_M 为 NN 阶广义阻抗矩阵，并且

$$U_M = [0, \cdots, 0, U_{A1}, 0, \cdots, 0, U_{AN}, 0, \cdots, 0]^T$$

$$I_M = [I_{M1}, \cdots, I_{Mo_1-1}, I_{A1}, I_{Mo_1+1}, \cdots, I_{Mo_N-1}, I_{AN}, I_{Mo_N+1}, \cdots, I_{MNN}]^T$$

$$= [I_{M1}, \cdots, I_{Mo_1-1}, I_{A1}, I_{Mo_1+1}, \cdots, I_{Mo_N-1}, I_{AN}, I_{Mo_N+1}, \cdots, I_{MNN}]^T$$

$o_i = \left[\sum_{k=1}^{i-1} M_k\right] + \left[\dfrac{M_i + 1}{2}\right], I_{Mo_i} = I_{Ai}, U_{Ai}、I_{Ai}$ 分别为 LPDA 第 i 根振子的输入端电压和电流，$i = 1, 2, \cdots, N$。

天线阵各单元电流的计算的推导过程如下：

$$I_A = CZ_M^{-1}S(Y_l + CZ_M^{-1}S)I \tag{4-39}$$

式中：$I = (I_{in}, 0, \cdots, 0)^T$；压缩矩阵 C 和扩展矩阵 S 分别为

$$C = \begin{bmatrix} 0 & \cdots & 1 & 0 & \cdots & 0 & \cdots & \cdots & 0 \\ & \cdots & & & & & & & \\ 0 & \cdots & 0 & \cdots & 0 & 1 & 0 & \cdots & \\ & \cdots & & & & & & & \\ 0 & \cdots & 0 & \cdots & 0 & \cdots & 0 & 1 & \cdots \end{bmatrix}$$

$$S = C^T$$

式中：C 为 $N \times NN$ 矩阵，它各行均有且仅有一个非零元素 1；S 为 $NN \times N$ 矩阵，它各列均有且仅有一个非零元素 1。

2. 自由空间的方向图函数

如图 4-10 所示，对于远区场点 Q，LPDA 的第 p 根振子在该点产生的场可用下式表示：

$$E_{p,z} = -\mathrm{j}wA_{p,z} - \frac{\partial \phi}{\partial z} \tag{4-40}$$

通过推导可得到第 p 根振子的远区辐射场为

$$E_z = \sum_{p=1}^{N} E_{p,z} = -C_0 \frac{\exp[\mathrm{j}k\sin\theta(x_p\cos\varphi + y_p\sin\varphi)]}{\sin^2\theta \sin kh_p}[\cos(kh_p\cos\theta) - \cos kh_p] \times$$
$$\sum_{n=1}^{M_p} I_{p,n}\exp(\mathrm{j}k\cos\theta z_n) \tag{4-41}$$

其中

$$C_0 = \frac{\mathrm{j}w\mu_0 \exp(-\mathrm{j}kr)}{2\pi kr}$$

则

$$f_0(\theta,\varphi) = \sum_{p=1}^{N} \frac{\exp[\mathrm{j}k\sin\theta(x_p\cos\varphi + y_p\sin\varphi)]}{\sin^2\theta \sin kh_p}[\cos(kh_p\cos\theta) - \cos kh_p] \times$$
$$\sum_{n=1}^{M_p} I_{p,n}\exp(\mathrm{j}k\cos\theta z_n) \tag{4-42}$$

为自由空间 LPDA 的自由空间方向图函数。

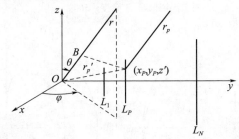

图 4-10 对数周期偶极子天线辐射场坐标示意图

当 LPDA 位于 y 轴上时，$x_p = 0$，则

$$f_0(\theta,\varphi) = \sum_{p=1}^{N} \frac{\exp(\mathrm{j}ky_p\sin\theta\sin\varphi)}{\sin\theta \sin kh_p}[\cos(kh_p\cos\theta) - \cos kh_p] \times$$
$$\sum_{n=1}^{M_p} I_{p,n}\exp(\mathrm{j}k\cos\theta z_n) \tag{4-43}$$

E 面的方向图函数为

$$f_{0E}(\theta) = f_0(\theta,\varphi)\big|_{\varphi=\frac{\pi}{2}} \qquad (4-44)$$

H 面的方向图函数为

$$f_{0H}(\theta) = f_0(\theta,\varphi)\big|_{\theta=\frac{\pi}{2}} \qquad (4-45)$$

LPDA 天线的方向性系数可由下式所示:

$$D = \frac{4\pi f_0(\theta,\varphi)\big|_{\max}}{\int_0^{2\pi}\int_0^{\pi} f_0(\theta,\varphi)\sin\theta\mathrm{d}\theta\mathrm{d}\varphi} \qquad (4-46)$$

则天线增益计算为

$$G = 10\lg D \qquad (4-47)$$

例:现有一副对数周期天线的工作参数:频率范围为 80~1300MHz;极化方式为线极化;输入阻抗为 50Ω;最大振子长度为 1.96m;最小振子长度为 0.07m;振子数为 $N=31$。

由以上参数可计算其比例因子和间距因子分别为 $\tau=0.8949$, $\sigma=0.0417$。已知振子半径从小到大分别为(单位为 m):

$a = [\,0.0003, 0.0003, 0.0003, 0.0004, 0.0004, 0.0005, 0.0005, 0.0006,$
$0.0006, 0.0007, 0.0008, 0.0009, 0.0010, 0.0011, 0.0013, 0.0014, 0.0016,$
$0.0018, 0.0020, 0.0022, 0.0025, 0.0028, 0.0032, 0.0035, 0.0040, 0.0044,$
$0.0050, 0.0056, 0.0062, 0.0070, 0.0078\,]$。

300MHz、1276MHz 天线增益计算结果如图 4-11 所示。

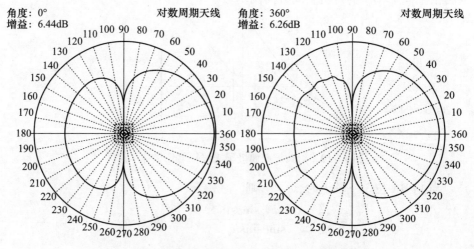

图 4-11 300MHz(左)、1276MHz(右)增益方向图

4.3 天线模型验证方法

天线模型计算结果验证一般采用测量方法去验证,尽管测量也有误差,但测量结果可以看出与天线模型计算结果的一致性。目前,天线增益的常用测量方法一般分成两大类:一类是相对增益测量方法,如比较法;另一类是绝对增益测量方法,如两相同天线法、三相同天线法、3dB/10dB 波束宽度法、方向图积分法、射电源法等。本章节从这两类方法中抽选两个经典方法,即比较法和相同天线法做一重点介绍,并对其进行误差分析及修正,以利于天线模型验证。

4.3.1 天线增益测量典型方法及其误差分析

1. 比较法测量原理及误差分析

比较法测量的原理是发送方在某一频率发射功率天线增益保持不变化,接收方分别用被测天线和标准天线进行接收,通过与标准天线的增益比较来测量被测天线的增益。测量时,要保持收发间距符合远场条件,测试场地平坦无遮挡、收发天线高架等测试条件要求。室外测试方法简化框图如图 4-12 所示。

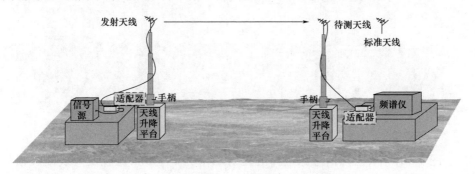

图 4-12 比较法天线增益测试简化框图

图 4-12 中,已知信号源选择的发射功率为 $P_t(\mathrm{dBm})$,发射天线增益为 $G_t(\mathrm{dB})$,收发天线馈线损耗 $l_{tf}(\mathrm{dB})$、$l_{rf}(\mathrm{dB})$,收发之间传播损耗 $L_c(\mathrm{dB})$,标准天线增益为 $G_s(\mathrm{dB})$,被测天线与标准天线对应的接收功率分别为 $P_r(\mathrm{dBm})$、$P_s(\mathrm{dBm})$,增益设为 $G_i(\mathrm{dB})$。

当用被测天线接收时,有

$$P_t + G_t - l_{tf} - L_c + G_i - l_{rf} = P_r \qquad (4-48)$$

更换为标准天线接收时,有

$$P_t + G_t - l_{tf} - L_c + G_s - l_{rf} = P_s \qquad (4-49)$$

由式(4-48)、式(4-49)可得被测天线增益为

$$G_i = G_s + (P_r - P_s) \qquad (4-50)$$

用此方法测量天线增益时的主要误差因素如下。

(1)标准天线的问题。由式(4-50)可知,被测天线增益精度第一个误差因素是标准天线增益 G_s,随着使用时间的增加,标准天线增益值会发生变化,引起被测天线增益精度下降。

(2)接收功率的问题。由式(4-50)可知,被测天线增益精度的第二个误差因素是接收功率 P_r、P_s 的变化问题,大多由多径干涉、极化引起,多径干涉时会产生接收功率的不稳定,收发天线极化不一致时也会引起功率的变化。

2. 相同天线法天线原理及误差分析

相同天线法原理是假定收发天线的增益都相同,极化、阻抗均匹配情况下的天线测量技术。测量时,要保持收发间距符合远场条件,测试场地平坦无遮挡、收发天线高架等测试条件要求。其室外测试简化框图如图4-13所示。

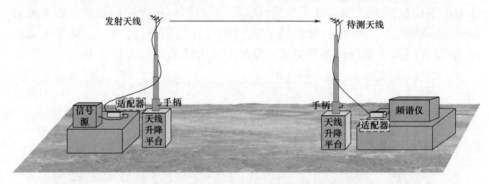

图4-13 两相同天线法增益测试简化框图

图4-13中,已知信号源选择的发射功率为 P_t(dBm),收发天线馈线损耗 l_{rf}(dB)、l_{tf}(dB),收发之间传播损耗 L_c(dB),被测天线与标准天线对应的接收功率分别为 P_r(dBm)、P_s(dBm),收发天线益设为 G_i(dB)。天线增益处理过程如下:

$$P_t + G_i - L_{tf} - L_c + G_i - L_{rf} = P_r \qquad (4-51)$$

移项得

$$G_i = (P_r - P_t + L_{tf} + L_{rf} + L_c)/2 \qquad (4-52)$$

此方法的误差因素如下。

(1)相同天线不相同问题。由式(4-52)可知,被测天线增益精度第一个误差因素是两副收发天线增益 G_i 不可能做到完全一致,存在个性差异,假定相

同必然会引起测量误差。

(2) 接收功率问题。由式(4-52)可知,被测天线增益精度的第二个误差因素是接收功率 P_r 的变化问题,大多由多径干涉、极化引起,多径干涉时会产生接收功率的不稳定,收发天线极化不一致时也会引起功率的变化。

(3) 传播损耗问题。由式(4-52)可知,被测天线增益精度的第三个误差因素是收发之间电波传播 L_c 的问题,这与测试场地、天线架高、频率、距离、大气层的影响等诸因素有关,建议借用经测试验证的相关 ITU-R.P 相关模型。

上述两类测量方法,有些误差是不可避免地存在,如仪器仪表引起的误差,标校后的仪器有其误差范围,接收电平是读取最大值还是平均值,存在读数误差,测试仪器与电缆的匹配误差等;但有些误差可以通过数据处理或测量方法的改进得以减小。下节以比较法、两相同天线法为例进行方法修正。

4.3.2 天线增益主要误差因素修正方法

1. 两相同天线法中两天线增益测量修正方法

两相同天线法中最主要的误差因素是假定两天线增益相同。修正方法是在比较法的基础上进行的,具体如下。

(1) 相同天线法的两副天线(天线增益为 G_1、G_2),一副作为被测天线,另一副作为标准天线,利用比较法得

$$G_1 - G_2 = P_r - P_s \tag{4-53}$$

(2) 两副天线(天线增益为 G_1、G_2),一副作为发射天线,另一副作为接收天线,利用相同天线法得

$$G_1 + G_2 - = P_2 - P_1 + L_{1f} + L_c + L_{2f} \tag{4-54}$$

(3) 联合求解,得到两副天线增益分别为

$$G_1 = (P_r - P_s + P_2 - P_1 + L_{1f} + L_c + L_{2f})/2 \tag{4-55}$$

$$G_2 = (P_2 - P_1 + L_{1f} + L_c + L_{2f} - P_r + P_s)/2 \tag{4-56}$$

此种方法不仅修正了天线增益相同的假定,而且也消除了标准天线不标准的问题。

2. 基于多径干涉的天线测量误差消除技术

地面反射测试场是在光滑平坦地面进行的,地面影响多为二径干涉,二径干涉的存在影响了相同天线法天线增益测量的精度。一般情况下,人们习惯于采用自由空间计算收发间电路的传输损耗,本书采用 GB/T 14 614.2—93"陆地移动业务和固定业务传播特性第二部分 100~1000MHz 固定业务传播特性"的二径干涉模型,在自由空间传输损耗的基础上,增加由于地面引起的干涉衰减,力图减小链路传输损耗误差。

（1）二径干涉引起的误差量为

$$L_F = -10\lg\left|\frac{e(t)}{e_0(t)}\right|^2 \quad (4-57)$$
$$= -10\lg[1 + |R_F'|^2 + 2|R_F'|\cos(\Delta\varphi)]$$

式中：R_F' 为地面反射系数；$\Delta\varphi$ 为相位差。

（2）两相同天线法的修正方法为

$$G_{修正} = (P_r - P_t + L_1 + L_f + L_F + L_2)/2 \quad (4-58)$$

（3）比较法的修正公式为

$$G_{修正} = G_s + (P_r - P_s) - L_F \quad (4-59)$$

第 5 章
无线衰落信道成形滤波器法建模与仿真

平坦衰落信道建模与仿真是多径频率选择性信道建模与仿真的前提与基础,仿真平坦衰落信道主要是要体现信道的多普勒扩展和包络统计特性,其方法包括成形滤波器法和正弦波叠加法两种,详情请见第 5 章和第 6 章相关部分。本章在 5.1 节给出了成形滤波器法的建模原理,在 5.2 节介绍了成形滤波器法硬件实现流程、开发平台和开发环境,在 5.3 节~5.8 节分别针对成形滤波器法硬件实现过程中的高斯白噪声生成模块、频谱共轭对称模块、成形滤波器设计模块、基 2 - IFFT 模块、FIR 与 CIC 内插滤波模块以及数字下变频滤波模块进行了具体的阐述,在 5.9 节描述了信道资源优化。

5.1 成形滤波器法的建模原理

成形滤波器法的建模原理是:实部和虚部均具有特定形状多普勒功率谱的复高斯白噪声,其包络服从瑞利分布,相位服从均匀分布。因此,在频域将两路复高斯白噪声通过特定形状多普勒功率谱的成形滤波器,再进行快速傅里叶逆变换就可以分别得到时域衰落因子的实部和虚部。由于成形滤波器法是直接从频域仿真信道,所以可以很方便地反映多普勒扩展谱的形状和最大多普勒频移。由于成形滤波器带宽相对于抽样率来说是非常窄的,为了设计出一个较小运算复杂度的窄带数字滤波器,首先需要设计一个低抽样率的数字滤波器,然后采用内插的方法将抽样率提高,但此内插的过程仍然具有很大的运算复杂度。

成形滤波器法的仿真流程图如图 5-1 所示,步骤如下。

图 5-1 成形滤波法仿真流程图

(1) 设定最大多普勒频移 f_m、采样率 f_s、源信号样本个数 N 和 IFFT 点数 N_s（一般取 2 的幂）。

(2) 产生两路样本个数为 $N_s/2$ 的独立复高斯白噪声。

(3) 将(2)的频谱赋予正频率分量，其共轭赋予负频率分量，从而完成(2)频谱的共轭对称，得到 N_s 个频域分量，保证 IFFT 之后的数据为实数，因为实数的频谱都是共轭对称的。

(4) 生成 $[-f_m, f_m]$ 范围内，点数为 $N_f = \dfrac{f_m \times N_s}{f_s/2}$ 具有特定形状的成形滤波器，通过两端补零将其点数扩展成 N_s。

(5) 将(3)与(4)相乘。

(6) 对(5)进行 IFFT。

(7) 对(6)进行 $I = N/N_s$ 点内插分别得到衰落因子的实部和虚部。

5.2 成形滤波器法的硬件实现

5.2.1 硬件实现流程

成形滤波器法的硬件实现流程图如图 5-2 所示。

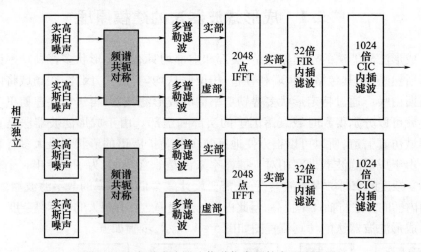

图 5-2 成形滤波器法信道仿真硬件实现流程图

5.2.2 开发平台和开发环境

采用小型软件无线电(SFF SDR)开发平台作为系统的实现平台。开发平台实物如图 5-3 所示。

该平台分为射频(RF)模块、中频数据转换模块和基带数字信号处理模块 3 个部分。其中射频和中频模块的参数可以直接通过控制软件进行控制。采用这种基于平台的开发方式可以避免繁琐的电路设计和调试工作,大大提高了开发效率,缩短了开发时间,是目前比较普遍的开发方法。

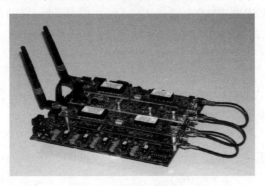

图 5-3　软件无线电开发平台实物图

射频模块支持全双工收发。中频模块使用一块型号为 ADS5500 的 AD 芯片和一块型号为 DAC5687 的 DA 芯片来实现信号的模数/数模转换。基带数字信号处理模块的核心是一块型号为 DM6446 的 DSP 芯片和一块型号为 Xilinx Virtex-4 的 FPGA 芯片。

使用 Matlab 软件作为系统的软件仿真工具,对系统以及各模块的原理进行仿真。使用 ISE 软件作为系统开发工具。ISE 是 Xilinx 公司的硬件设计工具,也是业界首屈一指的 PLD 设计环境。使用 Modelsim 软件对设计进行仿真,Modelsim 能够进行行为级仿真和时序仿真,是设计阶段的主要工具。使用 ChipScope 软件对设计进行在线调试,ChipScope 软件是一种在线逻辑分析仪,能够实时抓取芯片内部的基带信号进行观察,方便程序的调试,是实现阶段的主要工具。

5.3　高斯白噪声生成模块

5.3.1　随机数产生

在成形滤波器法信道仿真的硬件实现中,关键在于能否产生高质量且符合要求的高斯随机数序列,因为这是仿真输出衰落因子具有随机性的源头。无论在 FPGA、DSP 还是通用计算机中,均无法实现真正的随机数。在工程实现上使用某些方法产生周期很长的数字序列并在一定的时间范围内把它们当成是随机序列使用。在 FPGA 实现中使用较多的伪随机数方法是 M 序列发生器,在 FPGA 电路结构中称其为线性反馈移位寄存器(Linear Feedback Shift Register, LFSR)。

LFSR 生成的序列是有周期性的。如果序列的周期足够长,那么,在一定的时间内可以把 LFSR 生成的序列当成是随机序列。令寄存器数为 m 且寄存器的初始值并不全是零,LFSR 可能的最大周期为 $2^m - 1$。为了使得生成的序列更具随机性,要求 LFSR 的周期达到最大。LFSR 的周期与它的反馈形式有关,其特征多项式表示如下:

$$p(x) = \sum_{i=0}^{m} a_i x_i = x_m + a_{m-1} x^{m-1} + \cdots + a_1 x + 1 \quad (5-1)$$

式(5-1)为二进制本原多项式,m 级 LFSR 的最大周期为 $2^m - 1$。在本次实现中,LFSR 的生成多项式为

$$x^{43} + x^{41} + x^{20} + x + 1 \quad (5-2)$$

这个本原多项式的周期为 $2^{43} - 1$。其实现框图如图 5-4 所示。

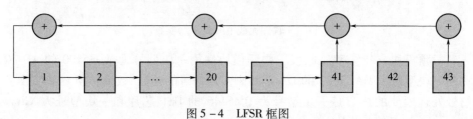

图 5-4 LFSR 框图

Matlab 仿真 LFSR 生成的随机序列统计特性如图 5-5 所示。

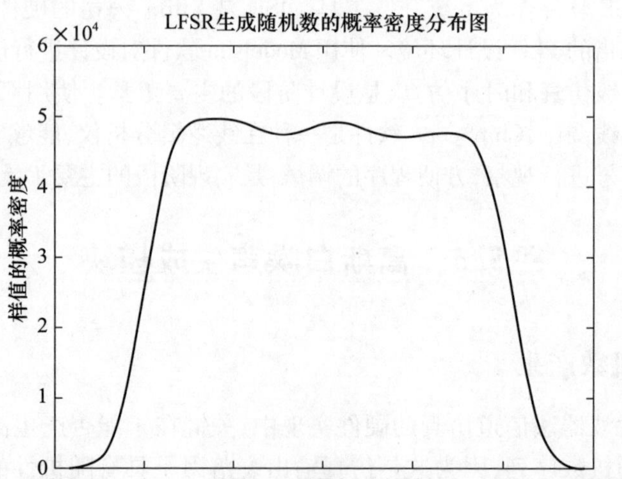

图 5-5 LFSR 生成随机数的概率密度分布图

在 LFSR 随机数生成模块中,将 43 个移位寄存器中的 11 个作为输出,输出范围为[0,2047]。计算 LFSR 输出样值的概率密度分布,并对输出随机数的相关性进行分析。

从图 5-6 中可以看出,LFSR 生成的随机数延迟 1~10 个时间单位输出样值之间的自相关值不等于零,这意味着,连续输出的随机数序列具有相关性,不满足独立性的要求。为了提高随机数模块生成的伪随机数的独立性,引入细胞自动机移位寄存器。

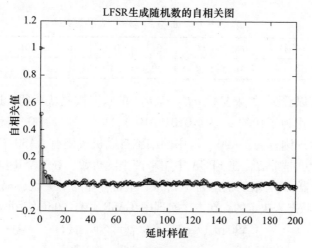

图 5-6 LFSR 生成随机数的自相关图

细胞自动机移位寄存器(Cellular Automata Shift Register,CASR)是利用细胞自动机的原理来实现的移位寄存器。细胞自动机是一种离散模型,在一个规则格网内,散布着称为元胞的单位,这些元胞有着有限的离散状态。根据一定的关系,每一个元胞都有着一个称为"邻居"的集合。例如,某个元胞的"邻居"可以是由离此元胞距离为 2 或更远的其他元胞所组成,在"邻居"里还可以包括这个元胞本身。在初始时刻,需要为这些元胞设定初始状态,而在下一个时刻的状态则由此时刻的"邻居"元胞的状态按一定的规则来决定。这一规则一般是某个固定的数学方程。假设元胞只有"0"和"1"这两种状态,此元胞的变化规则如下:如果它的"邻居"中有两个元胞的状态为"1",那么,这个元胞的状态为"1";否则,状态为"0"。

细胞自动机有以下三个特征。

(1)每个元胞是同时同步变化的。

(2)元胞的状态变化受到周围元胞的影响。

(3)每个元胞只受到一种规则支配。最简单的细胞自动机是一维结构的。

如图 5-7 所示,一维的细胞自动机就是由一列元胞组成,而每一个元胞可能出现的状态是确定的,只能是"1"或"0",即 $a_i \in \{0,1\}$,$i=0,1,\cdots,N-1$。每一个元胞的状态由上一代的"邻居"元胞所决定,而"邻居"的选择一般是与其距离为 1 的元胞以及它本身。例如,a_i 的"邻居"可以设为 a_{i+1}, a_i, a_{i-1},而 a_i 产生的下一代可以是左右两个邻居元胞的异或,如表 5-1 所列。

| a_{n-1} | ... | a_{i+1} | a_i | a_{i-1} | ... | a_1 | a_0 |

图 5-7　一维细胞自动机结构图

表 5-1　细胞自动机规则表

a_{i+1},a_i,a_{i-1}(t 时刻)	000	001	010	011	100	101	110	111
a_i($t+1$ 时刻)	0	1	0	1	1	0	1	0

从表中可以看到,如果父代 a_{i+1}, a_i, a_{i-1} 的状态按照从 0 到 7 这 8 种状态顺序排列,那么,作为子代的 a_i 为(01011010),即十进制的 90,这种细胞自动机下一代的产生规则称为 CA90。常用的细胞自动机规则有 CA30、CA90、CA150。

细胞自动机非常适合在 FPGA 中用来产生随机数。在 CASR 里,每个元胞对应每一个寄存器,其有限的状态为 0、1,每一个寄存器的下一状态都是根据相邻的寄存器的现在状态来决定的。在本次实现中,CASR 共有 37bit,使用两种规则如下:

$$CA90: a_i(t+1) = a_{i-1}(t) \otimes a_{i+1}(t) \tag{5-3}$$

$$CA150: a_i(t+1) = a_{i-1}(t) \otimes a_i(t) \otimes a_{i+1}(t) \tag{5-4}$$

其中 CA150 规则作用于前 28bit,CA90 规则作用于其余的 9bit,最大周期为 $2^{37}-1$。图 5-8 与图 5-9 是 CASR 生成随机数的概率密度分布图和自相关图。

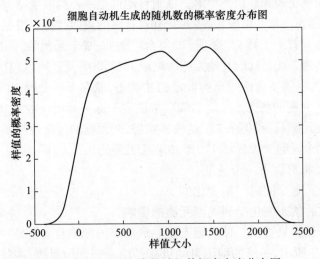

图 5-8　CASR 生成的随机数概率密度分布图

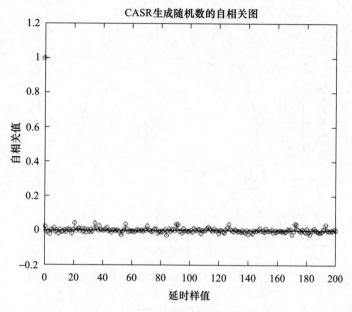

图 5-9　CASR 生成随机数的自相关图

从上面的两幅图中可以看出,CASR 生成的伪随机数具有很好的独立性,其生成的随机数的自相关图中只有当延时样值是 0 时才为 1,其余延时样值的相关值在 0 附近微小地抖动。但是从概率密度分布图可以看出,其生成的随机数不太符合均匀分布。

LFSR 与 CASR 分别具有不同的优缺点,将其结合在一起来得到符合要求的随机数生成模块。在 LFSR 与 CASR 中分别取 11 位进行异或输出,如图 5-10 所示。

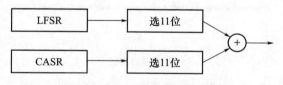

图 5-10　随机数生成模块框图

结合使用 LFSR 与 CASR 得到的随机数生成模块,产生的随机数效果很好,而且使用的资源并不多。用此随机模型生成的 11 位二进制随机数,其概率密度分布图和自相关图如图 5-11 和图 5-12 所示。

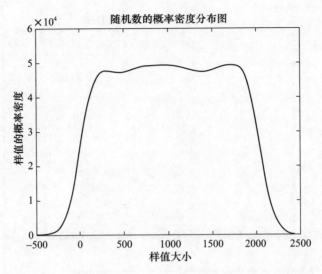

图 5-11　随机数生成模块生成随机数的概率密度分布图

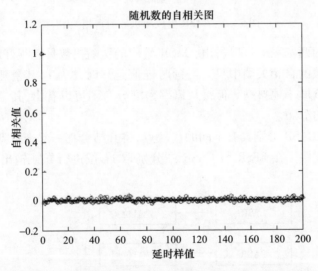

图 5-12　随机数生成模块生成随机数的的自相关图

从图 5-11 可以看出,随机数生成模块生成的随机数服从均匀分布。从图 5-12 可以看到,随机数生成模块生成的随机数自相关值中,除了 0 时自相关值为 1 外,其余的延时样值的自相关值都在 0 附近波动,而且波动的幅度很小,自相关值越小,说明前后生成随机数的独立性越好。所以从自相关的角度看,随机数生成模型生成的随机数之间是具有独立性的。

5.3.2 高斯白噪声生成

设随机变量 $x_1, x_2, x_3, \cdots$ 相互独立,其数学期望和方差分别为

$$E(X_k) = \mu_k, D(X_k) = \delta_k^2 \quad k = 1, 2, \cdots \tag{5-5}$$

若存在正数 δ 使得

$$\lim_{n \to \infty} \frac{1}{B_n^{2+\delta}} \sum_{k=1}^{n} e\{|X_k - \mu_k|^{2+\delta}\} = 0 \tag{5-6}$$

其中 $B_n^2 = \sum_{k=1}^{n} \delta_k^2$,则随机变量 $Z_n = \dfrac{\sum_{k=1}^{n} X_k - E\left(\sum_{k=1}^{n} X_k\right)}{\sqrt{D\left(\sum_{k=1}^{n} X_k\right)}} = \dfrac{\sum_{k=1}^{n} X_k - \sum_{k=1}^{n} \mu_k}{B_n}$ 的分布函数 $F_n(x)$ 对于任意 x 满足

$$\lim_{n \to \infty} F_n(x) = \lim_{n \to \infty} P\left\{\dfrac{\sum_{k=1}^{n} X_k - \sum_{k=1}^{n} \mu_k}{\sqrt{n}\delta} \leqslant x\right\} = \int_{-\infty}^{x} \dfrac{1}{\sqrt{2\pi}} e^{-\frac{t^2}{2}} dt \tag{5-7}$$

显然,$F_n(x)$ 服从标准正态分布($N(0,1)$ 分布)。

随机变量 $x_1, x_2, x_3, \cdots$ 相互独立,且服从同一分布,其数学期望和方差分别为

$$E(X_k) = \mu, D(X_k) = \delta^2 \neq 0 \quad k = 1, 2, \cdots \tag{5-8}$$

则随机变量 $Y_n = \dfrac{\sum_{k=1}^{n} X_k - E\left(\sum_{k=1}^{n} X_k\right)}{\sqrt{D\left(\sum_{k=1}^{n} X_k\right)}} = \dfrac{\sum_{k=1}^{n} X_k - n\mu}{\sqrt{n}\delta}$ 的分布函数 $F_n(x)$ 对于任意 x 满足

$$\lim_{n \to \infty} F_n(x) = \lim_{n \to \infty} P\left\{\dfrac{\sum_{k=1}^{n} X_k - n\mu}{\sqrt{n}\delta} \leqslant x\right\} = \int_{-\infty}^{x} \dfrac{1}{\sqrt{2\pi}} e^{-\frac{t^2}{2}} dt \tag{5-9}$$

显然,随机变量 X 服从正态分布,其概率密度函数为 $\dfrac{1}{\sqrt{2\pi}} e^{-\frac{t^2}{2}}$,为标准的 $N(0,1)$ 分布。因此,按照独立同分布中心极限定理,对于 n 个相互独立的均匀($U(0,1)$)分布,随机变量 $\xi = \dfrac{\sum_{i=1}^{n} X_i - \dfrac{n}{2}}{\sqrt{n/12}}$ 服从标准的高斯分布。

对于随机变量 $\xi = M \sum_{i=1}^{k} X_i$ 来说,其中 M 为正整数,X_i 为 $(0,1)$ 上的均匀分

布，即

$$\xi = \frac{M\left(\sum_{i=1}^{k} X_i - \frac{n}{2} + \frac{n}{2}\right)\sqrt{\frac{n}{12}}}{\sqrt{\frac{n}{12}}}$$

$$= \left(M\sqrt{\frac{n}{12}}\right)\frac{\left(\sum_{i=1}^{k} X_i - \frac{n}{2}\right)}{\sqrt{\frac{n}{12}}} + M\frac{n}{2} \qquad (5-10)$$

对于任意均值和方差分别为 μ、δ^2 的随机变量 Y，$Z = aY + b$ 的均值和方差分别为 $a\mu + b$，$a\delta^2$，因此，对于式（5-10）所示的随机变量 ξ，其均值和方差分别为 $\mu = M\frac{n}{2}$ 和 $\delta^2 = M\sqrt{\frac{n}{12}}$。

5.3.3 高斯白噪声定点实现与仿真

前面对高斯白噪声的产生方法做了理论分析，这些方法比较适合在计算机环境中生成随机数，如果要以 $80\text{MHz} \times W$（W 为各种随机数的字长）的速度产生随机序列，则应对理论算法做适当简化，以便于硬件高速实现。同时，在生成各种随机数时，要考虑整体的性能，例如，均匀分布直接决定了其产生序列的随机特性，对于正态分布既要满足高斯白噪声的要求，还要能产生特性优良的对数正态分布。

下面结合均匀分布和高斯白噪声生成算法做了大量仿真与统计检验，以选择一种优化的算法，其标准是在保证随机数功率谱特性和统计直方图特性的情况下使用最少的硬件资源。

1. 高斯白噪声定点实现结构

中心极限定理方法实现高斯白噪声的硬件实现结构如图 5-13 所示。

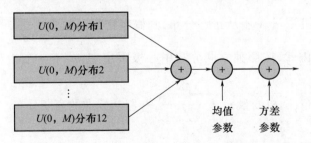

图 5-13 中心极限定理实现高斯白噪声结构图

在 FPGA 中,利用中心极限定理实现高斯白噪声有其独特的优点,它只需用加法器即可实现。对于高斯白噪声,其均值为 0,功率由方差控制,在定点实现均匀分布时,所产生的随机数均为正整数,因此,在产生高斯分布后应使其均值为 0,高斯白噪声的方差控制参数由工控机根据当前信号同噪声的比值关系计算得到,在 FPGA 中通过方差参数的实时更新控制高斯白噪声的功率。

2. 中心极限定理实现高斯白噪声定点仿真

使用递推公式生成 $U(0,1)$ 分布,其周期大于 M,但随机数可能在周期内重复出现,其理论均值和方差分别为 $1/2$ 与 $1/12$。正态分布由 n 个均值为 u_x、方差为 δ_x^2 独立同分布的均匀分布随机变量相加得到,得到的正态分布理论均值和方差分别为 $\mu = M\dfrac{n}{2}$ 和 $\delta^2 = M\sqrt{\dfrac{n}{12}}$,并且

$$x_{n+1} = (x_{n-1} + x_n) \bmod M \tag{5-11}$$

$$u_n = x_{n+1}/M \tag{5-12}$$

在仿真中,为了反映系统实际运行情况,每种情况都运行了 K 个周期。当 $n = 12$,正态分布的均值被处理为 0 时,不同 M、K 取值的仿真结果如表 5-2 所列,其中 12 个均匀分布的初始值为 $x_{1,0} = 13$, $x_{1,1} = 27$; $x_{2,0} = 31$, $x_{2,1} = 71$; $x_{3,0} = 37$, $x_{3,1} = 137$; $x_{4,0} = 85$, $x_{4,1} = 511$; $x_{5,0} = 113$, $x_{5,1} = 213$; $x_{6,0} = 135$, $x_{6,1} = 811$; $x_{7,0} = 41$, $x_{7,1} = 177$; $x_{8,0} = 313$, $x_{8,1} = 49$; $x_{9,0} = 661$, $x_{9,1} = 61$; $x_{10,0} = 437$, $x_{10,1} = 111$; $x_{11,0} = 277$, $x_{11,1} = 71$; $x_{12,0} = 904$, $x_{12,1} = 3$。

表 5-2 高斯白噪声定点仿真结果

$M(K)$	256(128)		1024(128)		4096(128)	
	均值	方差	均值	方差	均值	方差
$U(0,1)$	0.4766	0.0807	0.4889	0.0847	0.4946	0.0824
$N(0,1)$	0.0106	0.9261	-0.0183	0.9134	-0.0255	1.0490
$M(K)$	16384(128)		65536(16)		理论	
	均值	方差	均值	方差	均值	方差
$U(0,1)$	0.4974	0.0826	0.4987	0.0829	0.5	1
$N(0,1)$	-0.0194	1.0091	-0.0010	0.9984	0	1

仿真发现 M 取值越大,得到的正态分布的均值和方差越接近理论值,功率谱形状越好,同时,其统计直方图越接近高斯分布。可以预见,系统实际运行时的 K 值很大,因此其性能应好于上面的仿真结果。

5.4 频谱共轭对称模块

该模块实现频谱共轭对称的功能,具体实现步骤如下。
(1)采用两个高斯白噪声发生器,一个产生实部,另一个产生虚部。
(2)对实部输入的512个数据先顺序输入,再倒序输出。
(3)对虚部输入的512个数据先顺序输入,再倒序输出,倒序输出时乘上 -1。

这样就完成了频谱共轭对称的功能,该功能模块主要由共享 RAM(Shared RAM)实现,通过控制读地址就可以实现这个功能。下面输入一个简单 Counter 信号来测试 Shared RAM 功能模块。数据信号、写地址使能、读地址使能如图 5-14 所示。

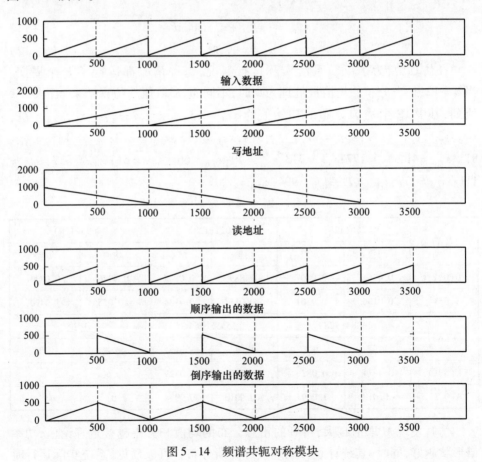

图 5-14 频谱共轭对称模块

对比数据输入和数据输出可以看出,该模块实现了输出的前 512 个数是输入的前 512 个数的顺序输出,后 512 个数是输入的后 512 个数的倒序输出功能。

5.5 成形滤波器设计模块

5.5.1 谱形设计

成形滤波是实现衰落的关键,成形滤波器的频谱特性决定了衰落信号的频谱特性。在信道模型中一般采用不同谱型的成形滤波器来模拟不同的信道环境。在基于大量测试和分析的基础上,目前,在信道模拟中主要使用的成形滤波器分别是 Jakes、高斯、Flat 和 Rounded。

1. Jakes 谱

Jakes 谱又称为经典谱,其功率谱密度可以表示为

$$S(f) = \frac{\sigma^2}{\pi f_m}\left[\frac{1}{1-(f/f_m)^2}\right]^{1/2} \quad |f| < f_m \quad (5-13)$$

式中:f_m 是最大多普勒频移;σ^2 是方差。设置 FFT 长度为 2048,滤波器点数为 100,最大多普勒频移 f_m 为 5kHz。根据式(5-13)构建成形滤波器,其幅度响应如图 5-15 所示。衰落信号的频谱如图 5-16 所示。

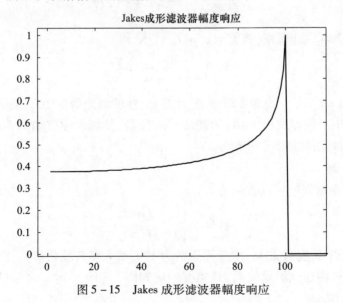

图 5-15 Jakes 成形滤波器幅度响应

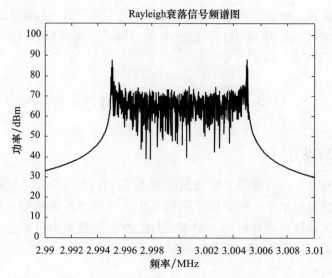

图 5-16 Jakes 谱 Rayleigh 衰落信号频谱图

2. 高斯谱

高斯谱经常用于航空移动信道的模拟,其功率谱密度可以表示为

$$S(f) = \frac{1}{\sqrt{2\pi\sigma^2}} e^{\left(\frac{f^2}{2\sigma^2}\right)} \qquad (5-14)$$

$$S(f) = \frac{1}{f_c}\sqrt{\frac{\ln 2}{\pi}} e^{\left(-(\ln 2)\left(\frac{f}{f_c}\right)^2\right)} \qquad (5-15)$$

式中:f_c 是 3dB 截止频率,将 $f_c = \sqrt{\ln 2} f_m$ 代入,得

$$S(f) = \frac{1}{f_m \sqrt{\pi}} e^{-\left(\frac{f}{f_m}\right)^2} \qquad (5-16)$$

此时,$\sigma = f_m/\sqrt{2}$。设置 FFT 长度为 2048,滤波器点数为 100,最大多普勒频移 f_m 为 5kHz。根据式(5-16)构建成形滤波器,其幅度响应如图 5-17 所示。衰落信号的频谱如图 5-18 所示。

3. Flat 谱

Flat 功率谱密度可以表示为

$$S(f) = \begin{cases} 1 & |f| \leq f_m \\ 0 & |f| > f_m \end{cases} \qquad (5-17)$$

设置 FFT 长度为 2048,滤波器点数为 100,最大多普勒频移 f_m 为 5kHz。根据式(5-16)构建成形滤波器,其幅度响应如图 5-19 所示。衰落信号的频谱如图 5-20 所示。

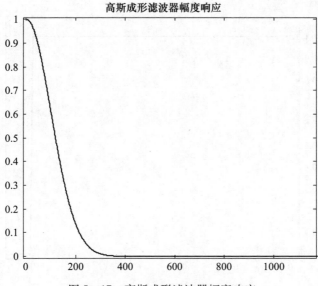

图 5-17 高斯成形滤波器幅度响应

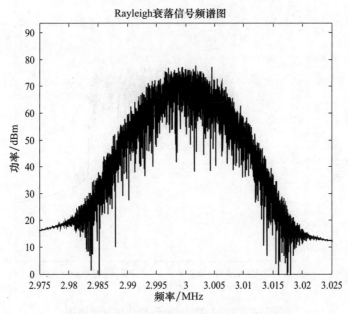

图 5-18 高斯谱 Rayleigh 衰落信号频谱图

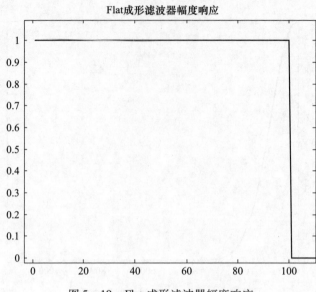

图 5-19　Flat 成形滤波器幅度响应

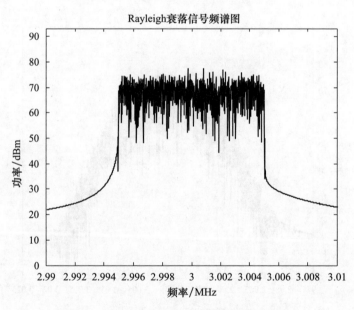

图 5-20　Flat 谱 Rayleigh 衰落信号频谱图

4. Rounded 谱

Rounded 功率谱密度可以表示为

$$S(f) = \begin{cases} 1 - 1.72\left(\dfrac{f}{f_m}\right)^2 + 0.785\left(\dfrac{f}{f_m}\right)^4 & |f| \leq f_m \\ 0 & |f| > f_m \end{cases} \quad (5-18)$$

设置 FFT 长度为 2048,滤波器点数为 100,最大多普勒频移 f_m 为 5kHz。根据式(5-18)构建成形滤波器,其幅度响应如图 5-21 所示。衰落信号的频谱如图 5-22 所示。

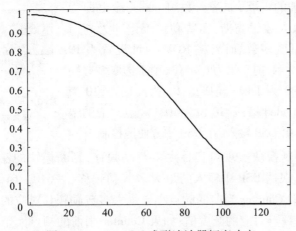

图 5-21 Rounded 成形滤波器幅度响应

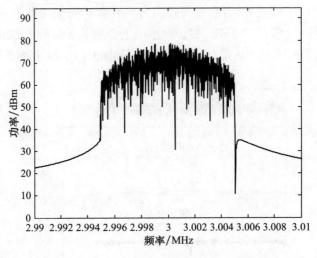

图 5-22 Rounded 谱 Rayleigh 衰落信号频谱图

5.5.2 成形滤波器实现

该模块实现多普勒滤波的功能,输入为一个复高斯噪声,时域服从高斯分布,功率谱为恒定值。为了让输出的功率谱为需要的形状,就需要成形滤波,成形滤波器的形状为多普勒扩展谱的形状。

该模块的几大功能及实现方式如下。

(1) 采用 ROM 实现多普勒低采样率下的成形滤波器,即将 1024 点多普勒扩展频点的幅度值写入 ROM 中,需要时用 10bit 地址读出即可。这样可以方便地控制多普勒扩展谱的形状,如写入数组 jakes,输出即为 Jakes 经典谱,写入数组高斯,多普勒扩展谱即为高斯谱。为了实现可变多普勒谱,将 ROM 地址设置为 10 位,如图 5-23 所示,前 2 位为 type 位,用于选取多普勒扩展谱的类型,00 为 Jakes 经典谱,01 为高斯谱,10 为 Flat 谱,11 为 Rounded 谱;后 10 位为 1024 频点对应的幅度值。前两位可由 DSP 输入,在 DSP 中方便地控制。

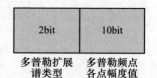

图 5-23 多普勒扩展谱和最大多普勒频移控制位

(2) 采用判断模块实现可变最大多普勒频移,判断模块的输入为 Counter,从 0 数到 1023,根据 DSP 中输入的最大多普勒频移($-610 \sim 610$Hz)计算频点($0 \sim 1023$),如果 Counter 当前的频点小于最大多普勒频移对应的频点,那么,输出为 ROM 中该频点对应的幅度值;如果 Counter 当前的频点大于最大多普勒频移对应的频点,那么,输出为 0。为了使得多普勒的功率为 1,输出频点的幅度值应该再乘上一个增益补偿值,使得输出的多普勒扩展谱功率为 1。

最大多普勒频移 f_m 为 5kHz,多普勒扩展谱类型为 Jakes 谱,成形滤波前后高斯白噪声频域信号实部和虚部数据变化情况分别如图 5-24 和图 5-25 所示。

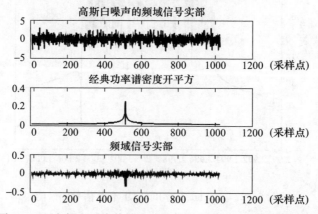

图 5-24 实部经过多普勒滤波前后的频谱以及滤波器的频谱

第 5 章　无线衰落信道成形滤波器法建模与仿真

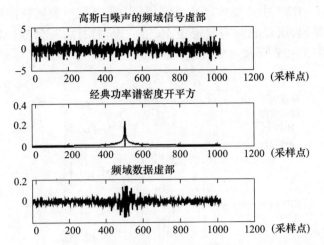

图 5-25　虚部经过多普勒滤波前后的频谱以及滤波器的频谱

ROM 中地址对应的多普勒频移如表 5-3 所列。

表 5-3　ROM 中地址对应的多普勒频移

1	2	3	…	512	513	514	…	1023	1024
0	Δf	$2\Delta f$	…	$511\Delta f$	—	$-511\Delta f$	…	$-2\Delta f$	$-\Delta f$

注：Δf 是多普勒频移精度。

5.6　基 2-IFFT 模块

快速傅里叶变换(Fast Fourier Transform, FFT)有多种模式: pipeline、基 2、基 4 等，使用基 2-IFFT 比较节省资源，但是只能处理突发数据，必须使用速率变换模块来改变该模式对于数据占空比的要求。所以需要在 FFT 之前进行提速，通过控制读写时序，将连续数据转化为突发数据，达到慢写快读；在 FFT 之后又把速度降下来，通过控制读写时序，达到快写慢读。

该功能模块主要实现将输入的频域数据转化为时域数据，具体架构如图 5-26 所示。

图 5-26　基 2-IFFT 示意图

因为基 2 – IFFT 本身要求提速 8 倍,因此,需要先对频域数据补 1024 个 0,再进行 8 倍提速,所以总共需要提速 16 倍。慢写快读,写信号一直有效,读信号时序图如图 5 – 27 所示。

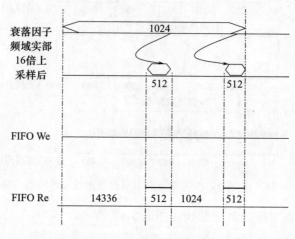

图 5 – 27 IFFT 提速时序图

IFFT 的时序设计需要注意的是 start 信号要比数据信号早 4 个时钟周期,这样才能得到正确的数据输出。把输出数据的速率降 8 倍,降速时序如图 5 – 28 所示。

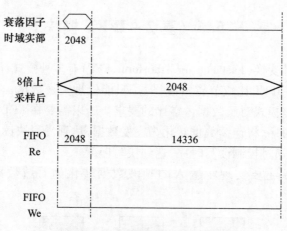

图 5 – 28 IFFT 降速时序图

由于输入信号频谱共轭对称,所以 IFFT 变换后时域应该为实信号,即虚部很小。观测 IFFT 后的时域数据,如图 5 – 29 和图 5 – 30 所示,虚部相对于实部来说忽略不计。

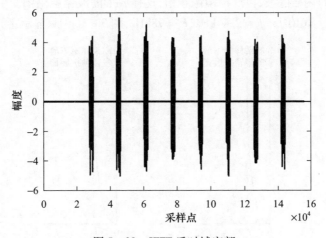

图 5-29 IFFT 后时域实部

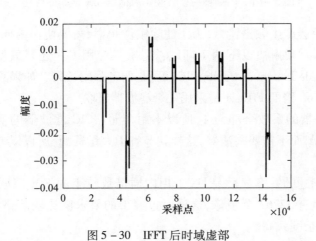

图 5-30 IFFT 后时域虚部

5.7 插值滤波模块

采样速率为 80MHz,最大多普勒频移为 610Hz,这样的低通滤波器阶数高达 2189 阶(通带波纹为 0.1,阻带衰减为 60dB,采样率为 80MHz,通带截止频率为 610Hz,阻带截止频率为 0.1MHz),硬件实现几乎是不可能的。所以,为了降低复杂度,首先设计一个低采样率下(2.44kHz)的成形滤波器,然后再经过 32768 倍的上采样,从而得到高采样率下(80MHz)的成形滤波器(最大多普勒扩展为 610Hz),如图 5-31 所示。对 IFFT 输出的数据进行 32 倍有限冲击响应滤波器(Finite Impulse

Response,FIR)内插滤波,再滤掉镜像频谱,这样成形滤波器就由图 5 - 31 左图变为右图。其中 $f_m = 610Hz, f_s = 2.44kHz, F_s = 78kHz$,图 5 - 31 中只显示正频谱部分。

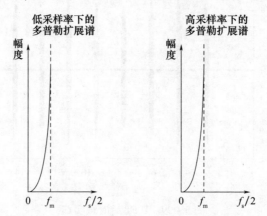

图 5 - 31 内插前后多普勒扩展谱以及采样率的变化

上采样后会产生频谱镜像,为了滤除镜像频谱,需要使用内插滤波器,内插滤波器的设计需要解决以下两个问题:第一,只使用 FIR 还是只使用梳妆积分滤波器(Cascade Integrator Comb,CIC),还是两者都用;第二,如果只使用 FIR,是直接使用 32768 倍的 FIR,还是采用几个滤波器级联。

CIC 滤波器的系数全部为 1,所以不用存储。CIC 滤波器的实现只需要加法器和延迟器,而不需要乘法器,这样就节省了大量资源,所以以 CIC 内插滤波器为主。

第二个问题的答案显而易见,采用内插倍数较小的 FIR 级联,因为 32768 倍内插之后就有 32767 个镜像,这样对过渡带的要求就比较严格,即过渡带比较窄,那么复杂度就高。

所以基于资源角度考虑选用 CIC 滤波器,但使用 CIC 滤波器有两个问题:阻带衰减不够;通带不平坦。对于第一个问题可以采取级联的方法,每加一级 CIC,衰减就增加 13.3dB,但是级数越高,通带越不平坦,所以一般采用 4 ~ 5 级,这里采取采用 4 级级联,衰减可达 53dB。对于第二个问题,解决方案如下:如果信号的频谱相对于采样率很窄,在这相对较窄的频谱内,CIC 的衰减几乎为 0。为此,本设计在 2048 级 CIC 内插滤波器之前先进行了 32 级 FIR 滤波,将多普勒扩展谱压缩到一个相对较窄的频谱内,在这段频谱内,CIC 的衰减几乎是 0,为了进一步证明在 610Hz 的频谱范围内是平的,观察 CIC 滤波器的幅度相应。

信号的频谱与采样率的比值为 1/64,CIC 内插滤波器幅度响应不平坦,但在归一化信号频谱范围 $0 \sim \pi/(64 \times 32)$ 内平坦,所以不必使用补偿滤波器。比较 0 和 $\pi/(64 \times 32)$ 处的幅度响应,它们相差 30.103dB – 30.1021 = 9×10^{-4}dB。4~5 级级联下来,最多也就 $0.0009 \times 5 = 0.0045$dB,几乎可以看作是平坦的,所以无需用补偿滤波器(表 5 – 4 ~ 表 5 – 6)。

表 5 – 4 5 级 FIR 内插滤波器的设置

	采样频率	通带截止频率	阻带截止频率	滤波器阶数
第 1 级滤波器	4.88kHz	610Hz	2.44kHz	21
第 2 级滤波器	9.76kHz	610Hz	4.88kHz	13
第 3 级滤波器	19.52kHz	610Hz	9.76kHz	10
第 4 级滤波器	39.04kHz	610Hz	19.52kHz	7
第 5 级滤波器	78.08kHz	610Hz	39.04kHz	7

表 5 – 5 3 级 CIC 内插滤波器的设置

	采样频率
第 1 级滤波	624.64kHz
第 2 级滤波	5MHz
第 3 级滤波	80MHz

表 5 – 6 各级滤波器的比特量化

	输入比特位	滤波器系数比特位	输出比特位	量化后比特位
第 1 级 FIR 滤波	16 – 15	13 – 13	30 – 28	16 – 15
第 2 级 FIR 滤波	16 – 15	13 – 13	30 – 28	16 – 15
第 3 级 FIR 滤波	16 – 15	13 – 13	30 – 28	16 – 15
第 4 级 FIR 滤波	16 – 15	13 – 13	30 – 28	16 – 15
第 5 级 FIR 滤波	16 – 15	13 – 13	30 – 28	16 – 15
第 1 级 CIC 滤波	16 – 15	13 – 13	30 – 28	16 – 15
第 2 级 CIC 滤波	16 – 15	13 – 13	30 – 28	16 – 15
第 3 级 CIC 滤波	16 – 15	13 – 13	30 – 28	16 – 15

5.8 数字下变频滤波模块

滤波器通带截止频率为 6MHz + 610Hz(最大多普勒频移),阻带截止频率为 20MHz – (6MHz + 610Hz) = 14MHz – 610Hz。中频下变频示意图如图 5 – 32 所示。

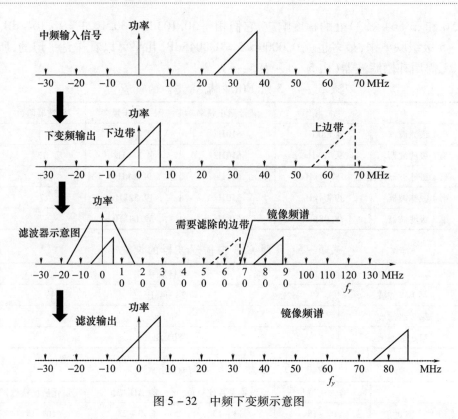

图 5-32 中频下变频示意图

5.9 信道资源优化

成形滤波器法搭建信道模拟器的复杂度比较高,对于多径信道而言,每条反射径都需要 2 个高斯白噪声发生器、1 个共享 RAM、2 个 FIFO(一个 FIFO 用于提速,将连续数据变为突发数据;另一个 FIFO 用来降速,将突发数据转换为连续数据)、1 个 FFT 模块。如果有 8 条径,硬件消耗的资源量就是单径的 8 倍,大大浪费了硬件资源。于是,资源优化就很有必要。

5.9.1 时分复用

首先分析复用的可行性,因为初始采样率为 2.24kHz,远远低于系统时钟 125MHz,这就给资源优化提供了可能,用提速就可以换来资源的节省。

具体实现时复用选用 Select 模块,控制信号为 0~7,控制哪个信号占用相关硬件资源。解复用器使用降速 FIFO 实现。

FIFO 写使能的实现:截取 Counter 的前 $\log 2(path-num)$ 位,表示第几条径,

和控制信号 0~7 作比较,若与输出相等则为高电平,此时,将该径的信号写入 FIFO 中。

以两条径为例,加复用前后每径衰落因子生成原理图分别如图 5-33 和图 5-34 所示。

图 5-33 复用前衰落因子生成框图

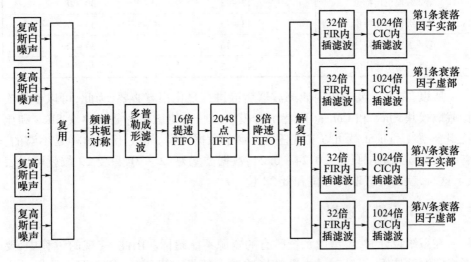

图 5-34 复用后衰落因子生成框图

可以推测,当径数为 N 时,可以节省 $N-1$ 个共享 RAM、$2N-2$ 个 FIFO、$N-1$ 个 FFT、$N-1$ 个 32 倍的 FIR 内插滤波器、$N-1$ 个 128 倍的 CIC。

最耗资源的是 FFT 模块和 FIR 滤波器以及 FIFO 模块,所以主要是对前两个模块进行时分复用。高斯白噪声发生器模块不能复用,如果有 8 径,就需要 16 个高斯白噪声发生器,以此保证各径的衰落因子相互独立。

除了时分复用,还有分路合并复用,如进行 IFFT 前要分别对实部和虚部进行 16 倍提速,这就需要两个 FIFO,两路合并,就可以节省一个 FIFO。

5.9.2 量化

量化和时序控制贯穿硬件实现的始终,这两个因素也是硬件与软件的最大区别,软件仿真时主要考虑性能,所以都是采用最大位数,double 型。硬件实现时就必须注意,因为 32 位的数虽然精确,但是大大浪费了资源,这就需要长时间观察输出数据,得到它的动态范围,从而确定最少的比特位数。乘法、加法都会增加输出的比特位数,这就需要及时适当地截取,用有限的比特位表示尽可能多的数。本设计中 FIR 内插滤波和 CIC 内插模块会造成输出比特位数大增,以 5 级 32 倍 FIR 内插滤波器为例,假设第一级的输入比特位为 16 – 15,那么,各级的输出比特位如表 5 – 7 所列。

表 5 – 7　各级 FIR 的输出比特位

	滤波器系数量化比特位	输出比特位
第 1 级输出比特位	13 – 13	30 – 28
第 2 级输出比特位	13 – 13	30 – 28
第 3 级输出比特位	13 – 13	30 – 28
第 4 级输出比特位	13 – 13	30 – 28
第 5 级输出比特位	13 – 13	30 – 28

所以,在每一级 FIR 内插滤波器后面进行量化很有必要,为此,可以使用比特截取模块 Slice 和 Concat 比特组合模块。联合使用比特截取模块 Slice 和比特组合模块 Concat 就可以实现任意类型的数据转换。但是仅仅这样是不够的,有时数据动态范围只有 – 0.24 ~ 0.24,数据类型为 32 – 30,只要 29 位就可以表示,这时,就需要截取符号位和低 28 位。

5.9.3　工作模式选择

在系统设计时,要考虑系统已有的资源不能超标。因此,实现的过程中,要考虑资源的使用,设计时对本系统影响较大的是 FFT 模块、滤波器模块以及大的延时模块。根据 FFT 内部结构不同,FFT 模块有 Pipelined、Radix – 4、Radix – 2 和 Radix – 2L 这 4 种工作模式。

对于滤波器的设计,一方面,要在保证性能指标的前提下尽量减少阶数,另外,可以考虑用 CIC 滤波器代替 FIR 滤波器,可以用 CIC 滤波器和 FIR 滤波器的组合代替 FIR 滤波器;另一方面,对 FIR 滤波器,有两种模式可供选择,即 Systolic Multiply Accumulate 和 Transpose Multiply Accumulate。可以看出,Transpose Multiply Accumulate 使用的 Slice 的资源比 Systolic Multiply Accumulate 多,但是使用的 DSP48 资源比较少,因此,根据实际需要,可进行相应的选择。

大的延迟线所消耗的资源随着位宽的增加而膨胀,因此,对于大的延时模块,首先要尽可能避免,能不用就不用,如果不能避免,则可以采用计时器加锁存器的方法。

第 6 章
无线衰落信道正弦波叠加法建模仿真

正弦波叠加法是无线衰落信道建模仿真的另一类方法,它相对于成形滤波器法具有计算量小、易于硬件实现的优点。本章在 6.1 节给出了正弦波叠加法的建模原理;在 6.2 节介绍了平坦衰落信道的仿真模型,包括 Clarke 参考模型、Clarke 统计模型、Jakes 仿真模型及其改进等;6.3 节给出了频率选择性信道的仿真模型;6.4 节给出了 Nakagami 信道的仿真模型;6.5 节给出了 Nakagami – MIMO 信道的仿真模型;在 6.6 节描述了平坦衰落信道正弦波叠加法的硬件实现,分别针对正弦波叠加法硬件实现过程中的余弦值生成算法、频率控制字生成算法、相位控制字生成算法、随机数更新算法以及 DDS 输出结果处理算法进行了具体的阐述。

6.1 正弦波叠加法的建模原理

由中心极限定理可知,独立同分布的噪声叠加,其实部和虚部均服从高斯分布,从而包络的统计特性满足瑞利分布。因此,正弦波叠加法的建模原理如图 6-1 所示,该方法的依据是产生具有恒定增益、等距频率和随机阶段的无穷数量正弦曲线的叠加。根据这个原理,一个随机高斯过程 $u(t)$ 数学上可以由无穷数量的正弦曲线求和来描述:

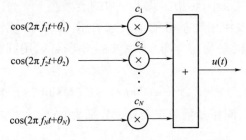

图 6-1 产生有色高斯随机过程参考模型

$$u(t) = \lim_{N \to \infty} \sum_{n=1}^{N} c_n \cos(2\pi f_n + \theta_n) \tag{6-1}$$

其中增益 c_n 和频率 f_n 是如下给定的常量:

$$c_n = 2\sqrt{\Delta f S_{uu}(f_n)} \tag{6-2}$$

$$f_n = n \cdot \Delta f \tag{6-3}$$

式中: $S_{uu}(f_n)$ 为 $u(t)$ 的功率谱密度; 相位 $\theta_n(n=1,2,\cdots,N_i)$ 是独立同分布的随机变量, 每个变量都服从 $(0,2\pi]$ 上的均匀分布。式(6-3)涵盖了整个相关频率范围, 假定 $N \to \infty$ 时, $\Delta f \to 0$。

当采用正弦波叠加法时, 无穷数量的正弦曲线 N 不能在一台计算机上或者硬件平台上实现。因此, 利用有限数量的正弦曲线来代替, 可以得到简化的可实现模型。

6.2 平坦衰落信道的仿真模型

6.2.1 Clarke 统计模型

R. H. Clarke 在 1968 年对无线信道进行抽象, 建立了经典的 Clarke 数学模型, 这是一种用于描述小尺度平坦衰落信道的统计模型。统计模型的重点在于数学分析, 是对信道本质机理的一个建模。它的评估标准是在不同的环境下所建立的模型与真实无线信道的吻合程度。由于 Clarke 统计模型对物理信道的数学建模与实际的多径传播环境非常吻合, 所以 Clarke 统计模型得到了广泛的应用。

Clarke 统计模型的信道建模需要满足以下假设: 发射机具有垂直极化天线, 到达接收机端信号的电磁场由 N 个平面波组成; 这些平面波有着任意的初始相位、入射方位角; 在假设没有视距径的情况下平面波经历了平坦衰落; 每个平面波之间附加延时很小, 经历了几乎一致的衰减。

垂直极化平面波使用复基带的形式来表示。Clarke 统计模型入射波的初始相位角在 $(0,2\pi]$ 间呈均匀分布, 平面波的 E 场可以用同相分量与正交分量来表示, 即

$$E_z(t) = T_c(t)\cos(2\pi f_c t) - T_s(t)\sin(2\pi f_c t) \tag{6-4}$$

式中: f_c 为载波频率, 同相分量与正交分量分别为

$$T_c(t) = E_0 \sum_{n=1}^{N} c_n \cos(2\pi f_n t + \varphi_n) \tag{6-5}$$

$$T_s(t) = E_0 \sum_{n=1}^{N} c_n \sin(2\pi f_n t + \varphi_n) \qquad (6-6)$$

E_0 是本地平均电场;c_n、f_n、φ_n 分别是第 n 个平面波的随机幅度、多普勒频移、随机初始相位。

当 N 趋向于无穷时,$T_c(t)$ 与 $T_s(t)$ 是一个零均值独立的高斯随机过程,它们之间的互相关值为 0。由于接收信号是一个复高斯过程,所以接收 E 场包络的概率密度分布服从瑞利分布。

综上所述,Clarke 统计模型中接收信号有以下的统计特性。

(1) 包络的概率密度分布服从瑞利分布。

(2) 相位的概率密度分布服从 $(0,2\pi]$ 内的均匀分布。

(3) 同相分量与正交分量都是均值为 0、方差为 1 的高斯随机过程,具有相同的自相关函数,且两者之间的互相关值为 0。

(4) 同相分量与正交分量的自相关函数与时间无关,只与时间差有关。

6.2.2 Clarke 参考模型

在 Clarke 统计模型基础上稍加修改得到的仿真模型,称为 Clarke 参考模型。在平坦衰落信道仿真模型的研究中都以此模型为参考对象。Clarke 参考模型同样使用的是正弦波叠加法的思路,每个传播路径使用正弦波函数来表达,即

$$X(t) = \sqrt{2} \sum_{n=1}^{N} C_n \cos(2\pi f_c t + \omega_d t \cos\alpha_n + \varphi_n) \qquad (6-7)$$

式中:N 是传播路径数;ω_d 是最大多普勒频移;α_n 和 φ_n 分别是第 n 径的平面波到达角和初始相位;α_n 和 φ_n 是在 $(-\pi,\pi]$ 之间均匀分布的随机数。对所有径来说,任意径之间的 α_n 和 φ_n 都是相互独立的。

可以看出,平坦衰落信道输出信号 $X(t)$ 取决于 N 组相互独立的变量$(C_n, \alpha_n, \varphi_n)$,因此,信道建模的过程,就是寻找合适的变量组 $(C_n, \alpha_n, \varphi_n)$ 的过程。

假设接收电磁波 N 条径的入射角度和入射能量在 $(0,2\pi]$ 内都服从均匀分布,则 C_n 和 α_n 可计算如下:

$$d\alpha = \frac{2\pi}{N} \qquad (6-8)$$

$$C_n^2 = P(\alpha_n) d\alpha = \frac{1}{2\pi} \frac{2\pi}{N} = \frac{1}{N} \quad n = 1,2,\cdots,N \qquad (6-9)$$

$$\alpha_n = \frac{2\pi}{N} n \quad n = 1,2,\cdots,N \qquad (6-10)$$

将式(6-9)、式(6-10)代入式(6-7)得

$$X(t) = \sqrt{2}\sum_{n=1}^{N}\sqrt{\frac{1}{N}}\cos\left(2\pi f_c t + \omega_d t\cos\frac{2\pi}{N}n + \varphi_n\right) \quad (6-11)$$

$$= X_c(t)\cos(2\pi f_c t) + X_s(t)\sin(2\pi f_c t)$$

其中

$$X_c(t) = \sqrt{\frac{2}{N}}\sum_{n=1}^{N}\cos\left(\omega_d t\cos\frac{2\pi}{N}n + \varphi_n\right) \quad (6-12)$$

$$X_s(t) = -\sqrt{\frac{2}{N}}\sum_{n=1}^{N}\sin\left(\omega_d t\cos\frac{2\pi}{N}n + \varphi_n\right) \quad (6-13)$$

当 N 比较大时，Clarke 参考模型的同相分量或正交分量的自相关函数为

$$R_{X_c X_c}(\tau) = R_{X_s X_s}(\tau) = \frac{1}{2}J_0(\omega_d \tau) \quad (6-14)$$

式中：$J_0(\cdot)$ 为第一类零阶贝塞尔函数，其同相分量与正交分量的互相关函数为

$$R_{X_c X_s}(\tau) = 0 \quad (6-15)$$

信号包络的概率密度函数与相位的概率密度函数都符合 Clarke 统计模型的分析，分别符合瑞利分布与 $(-\pi,\pi]$ 之间的均匀分布，即

$$f_{|X|}(x) = x \cdot \exp\left(-\frac{x^2}{2}\right) \quad x \geq 0 \quad (6-16)$$

$$f_\psi(\psi) = \frac{1}{2\pi} \quad \psi \in (-\pi,\pi] \quad (6-17)$$

$$\psi(t) = \arctan\left(\frac{X_s(t)}{X_c(t)}\right) \quad (6-18)$$

6.2.3 Jakes 仿真模型

使用 Clarke 参考模型进行仿真时，正弦波数过多使得仿真极为不便。由于 Clarke 参考模型中，平面波到达角是在 $(-\pi,\pi]$ 之间独立均匀分布随机数，为了弥补 Clarke 参考模型正弦波数过多的缺点，Jakes 提出正弦波到达角是对称的假设，即多普勒频移是对称的。利用这个对称性来减少正弦波的数目使得仿真模型的计算复杂度大大降低。在很长的一段时间里，Jakes 仿真模型与 Clarke 模型一样得到了广泛的应用。

将式(6-11)写为复包络形式，即

$$X(t) = \text{Re}[T(t)\exp(j\omega_c t)] \quad (6-19)$$

$$T(t) = \sqrt{\frac{2}{N}}\sum_{n=1}^{N}\exp[j(\omega_d t\cos\alpha_n + \varphi_n)] \quad (6-20)$$

当 $N/2$ 为奇整数时，可以得到

$$T(t) = \sqrt{\frac{2}{N}} \sum_{n=1}^{N} \exp[j(\omega_d t\cos\alpha_n + \varphi_n)]$$

$$= \sqrt{\frac{2}{N}} \left\{ \sum_{n=1}^{N/2-1} \exp[j(\omega_d t\cos\alpha_n + \varphi_n)] + \exp[j(\omega_d t\cos\alpha_{N/2} + \varphi_{N/2})] + \right.$$

$$\left. \sum_{n=N/2+1}^{N-1} \exp[j(\omega_d t\cos\alpha_n + \varphi_n)] + \exp[j(\omega_d t\cos\alpha_N + \varphi_N)] \right\} \quad (6-21)$$

又由式(6-11)有 $\alpha_{N/2} = \pi, \alpha_N = 2\pi$,因此可得

$$T(t) = \sqrt{\frac{2}{N}} \left\{ \sum_{n=1}^{N/2-1} \exp[j(\omega_d t\cos\alpha_n + \varphi_n)] + \sum_{n=1}^{N/2-1} \exp\{j[\omega_d t\cos(\pi + \alpha_n) + \varphi_{n+N/2}]\} + \right.$$

$$\left. \exp[j(-\omega_d t + \varphi_{N/2})] + \exp[j(\omega_d t + \varphi_N)] \right\}$$

$$= \sqrt{\frac{2}{N}} \left\{ \sum_{n=1}^{N/2-1} \exp[j(\omega_d t\cos\alpha_n + \varphi_n)] + \sum_{n=1}^{N/2-1} \exp[j(-\omega_d t\cos\alpha_n + \varphi_{n+N/2})] + \right.$$

$$\left. \exp[j(-\omega_d t + \varphi_{N/2})] + \exp[j(\omega_d t + \varphi_N)] \right\} \quad (6-22)$$

令 $\varphi_{n+N/2} = -\varphi_{-n}, \varphi_{N/2} = -\varphi_{-N}$,则有

$$T(t) = \sqrt{\frac{2}{N}} \left\{ \sum_{n=1}^{N/2-1} \exp[j(\omega_d t\cos\alpha_n + \varphi_n)] + \sum_{n=1}^{N/2-1} \exp[-j(\omega_d t\cos\alpha_n + \varphi_{-n})] + \right.$$

$$\left. \exp[-j(\omega_d t + \varphi_{-N})] + \exp[j(\omega_d t + \varphi_N)] \right\} \quad (6-23)$$

随着 n 从 1 变到 $N/2-1$,式(6-23)中前两项会分别产生不同的多普勒频移。第一项多普勒频移从 $\omega_d\cos(2\pi/N)$ 变到 $-\omega_d\cos(2\pi/N)$,第二项多普勒频移从 $-\omega_d\cos(2\pi/N)$ 变到 $\omega_d\cos(2\pi/N)$,第三项表示入射角 $\alpha = 0$ 时所产生的最大多普勒频移,第四项表示 $\alpha = \pi$ 时产生的最大多普勒频移。显然,前两项对应的多普勒频移产生了重叠,因此可以通过去掉这些重叠的频率来减少频率合成器的数量,从而减少资源的占用。

根据前面的假设 $N/2$ 为奇整数,因此,可以令 $M = \frac{1}{2}\left(\frac{N}{2}-1\right)$,即 $N = 4M+2$,则

$$T(t) = \sqrt{\frac{2}{N}} \left\{ \sum_{n=1}^{M} \sqrt{2}\exp[j(\omega_d t\cos\alpha_n + \varphi_n)] + \sum_{n=1}^{M} \sqrt{2}\exp[-j(\omega_d t\cos\alpha_n + \varphi_{-n})] + \right.$$

$$\left. \exp[j(\omega_d t + \varphi_N)] + \exp[-j(\omega_d t + \varphi_{-N})] \right\} \quad (6-24)$$

式(6-24)中频率合成器的数量比式(6-23)减少了 M 个。式(6-24)中的因子 $\sqrt{2}$ 是为了在频率合成器数目减少的同时使总功率保持不变。令

$$\varphi_n = -\varphi_{-n} = -\beta_n, \varphi_N = -\varphi_{-N} = -\beta_{M+1} \tag{6-25}$$

这一步相当于破坏了不同路径之间相位的独立性,也是节省资源所付出的代价。因此,Jakes 仿真器达不到完全理想的性能。由式(6-24)、式(6-25)可以得到

$$T(t) = \sqrt{\frac{2}{N}} \left\{ \sum_{n=1}^{M} 2\sqrt{2}\cos(\omega_d t \alpha_n) \exp(-j\beta_n) + 2\cos(\omega_d t)\exp(-j\beta_{M+1}) \right\} \tag{6-26}$$

所以有

$$\begin{aligned} X(t) &= \mathrm{Re}[T(t)\exp(j\omega_c t)] \\ &= \sqrt{\frac{2}{N}} \left\{ \sum_{n=1}^{M} 2\sqrt{2}\cos(\omega_d t \cos\alpha_n)\cos(\omega_c t - \beta_n) + \right. \\ &\quad \left. 2\cos(\omega_d t)\cos(\omega_c t - \beta_{M+1}) \right\} \\ &= X_c(t)\cos\omega_c t + X_s(t)\sin\omega_c t \end{aligned} \tag{6-27}$$

其中

$$X_c(t) = \frac{2}{\sqrt{N}} \left\{ \sum_{n=1}^{M} 2\cos(\omega_d t \cos\alpha_n)\cos\beta_n + \sqrt{2}\cos(\omega_d t)\cos\beta_{M+1} \right\} \tag{6-28}$$

$$X_s(t) = \frac{2}{\sqrt{N}} \left\{ \sum_{n=1}^{M} 2\cos(\omega_d t \cos\alpha_n)\sin\beta_n + \sqrt{2}\cos(\omega_d t)\sin\beta_{M+1} \right\} \tag{6-29}$$

$$\beta_n = \begin{cases} \dfrac{\pi n}{M} & n = 1, 2, \cdots, M \\ \dfrac{\pi}{4} & n = M+1 \end{cases} \tag{6-30}$$

将式(6-10)代入式(6-28)和式(6-29),得 Jakes 仿真模型表达式为

$$X_c(t) = \frac{2}{\sqrt{N}} \sum_{n=1}^{M+1} a_n \cos(\omega_n t) \tag{6-31}$$

$$X_s(t) = \frac{2}{\sqrt{N}} \sum_{n=1}^{M+1} b_n \cos(\omega_n t) \tag{6-32}$$

$$a_n = \begin{cases} 2\cos\beta_n & n = 1, 2, \cdots, M \\ \sqrt{2}\cos\beta_n & n = M+1 \end{cases} \tag{6-33}$$

$$b_n = \begin{cases} 2\sin\beta_n & n = 1, 2, \cdots, M \\ \sqrt{2}\sin\beta_n & n = M+1 \end{cases} \tag{6-34}$$

$$\beta_n = \begin{cases} \dfrac{\pi n}{M} & n = 1,2,\cdots,M \\ \dfrac{\pi}{4} & n = M+1 \end{cases} \quad (6-35)$$

$$\omega_n = \begin{cases} \omega_d \cos\dfrac{2\pi n}{N} & n = 1,2,\cdots,M \\ \omega_d & n = M+1 \end{cases} \quad (6-36)$$

在 Jakes 仿真模型中,为了减少正弦波数目,假设多普勒频移 ω_n 不重叠的平均分布在圆周上。β_n 的设定使得初始相位在 $(-\pi,\pi]$ 范围内近似服从均匀分布。但是,在 Jakes 仿真模型中,所有的值都是固定且已知的,这种模型称为确定模型,与具有随机量的 Clarke 参考模型有所区别。在确定模型中,是使用确定过程来逼近随机过程。虽然 Jakes 模型作为平坦衰落信道模型由于实现简单得到了广泛的应用,但是它并不适合用于构建频率选择性信道。这是因为 Jakes 仿真模型在仿真随机衰落信道过程中生成的信号有不平稳性,它并不是一个 WSSUS 模型。

6.2.4 Jakes 仿真模型的改进

随着 MIMO 技术研究以及无线通信系统的发展,在设计无线通信系统时,除了需要考虑到无线信道的平坦衰落外,更需要在频率选择性信道环境下检验评估无线通信系统的接收机性能。Jakes 仿真模型的不平稳性限制了它只能用于平坦衰落信道的仿真,对于频率选择性信道的仿真则无能为力。针对 Jakes 仿真模型的这个缺点,需要对 Jakes 模型做出一系列改进。

1. Pop&Beaulieu 仿真模型

Jakes 仿真模型的输出信号之所以不是广义平稳的,其根本原因是初始相移之间具有相关性,为了消除这个相关性,M. F. Pop 和 N. C. Beaulieu 采用在正弦波中插入随机相移的方法,即在下面两式中加入随机初始相移,如下:

$$X_c(t) = \dfrac{2}{\sqrt{N}} \sum_{n=1}^{M+1} a_n \cos(\omega_n t + \varphi_n) \quad (6-37)$$

$$X_s(t) = \dfrac{2}{\sqrt{N}} \sum_{n=1}^{M+1} b_n \cos(\omega_n t + \varphi_n) \quad (6-38)$$

其中 $\varphi_n(n=1,2,\cdots,M+1)$ 是在 $(-\pi,\pi]$ 之间独立均匀分布的随机数。加入了随机初始相移后,解决了 Jakes 仿真模型的广义平稳问题,但仍不能满足非相关散射特性。对于这方面,M. F. Pop 和 N. C. Beaulieu 的进一步改进是在考虑多普勒频移对称性的同时考虑所有对应的随机初始相移,即

$$X_c(t) = A_c(t) + B_c(t) + C_c(t) + D_c(t) \quad (6-39)$$

$$X_s(t) = A_s(t) + B_s(t) + C_s(t) + D_s(t) \quad (6-40)$$

$$A_c(t) = \sqrt{\frac{2}{N}} \sum_{n=1}^{M} (\cos\varphi_n + \cos\varphi_{2M+1-n} + \cos\varphi_{2M+1+n} + \cos\varphi_{4M+2-n})\cos(\omega_n t)$$
$$(6-41)$$

$$B_c(t) = -\sqrt{\frac{2}{N}} \sum_{n=1}^{M} (\sin\varphi_n - \sin\varphi_{2M+1-n} - \sin\varphi_{2M+1+n} + \sin\varphi_{4M+2-n})\sin(\omega_n t)$$
$$(6-42)$$

$$C_c(t) = \sqrt{\frac{2}{N}} (\cos\varphi_{2M+1} + \cos\varphi_{4M+2})\cos(\omega_d t) \quad (6-43)$$

$$D_c(t) = \sqrt{\frac{2}{N}} (\sin\varphi_{2M+1} - \sin\varphi_{4M+2})\cos(\omega_d t) \quad (6-44)$$

$$A_s(t) = \sqrt{\frac{2}{N}} \sum_{n=1}^{M} (\cos\varphi_n - \cos\varphi_{2M+1-n} - \cos\varphi_{2M+1+n} + \cos\varphi_{4M+2-n})\sin(\omega_n t)$$
$$(6-45)$$

$$B_s(t) = \sqrt{\frac{2}{N}} \sum_{n=1}^{M} (\sin\varphi_n + \sin\varphi_{2M+1-n} + \sin\varphi_{2M+1+n} + \sin\varphi_{4M+2-n})\sin(\omega_n t)$$
$$(6-46)$$

$$C_s(t) = -\sqrt{\frac{2}{N}} (\cos\varphi_{2M+1} - \cos\varphi_{4M+2})\sin(\omega_d t) \quad (6-47)$$

$$D_s(t) = \sqrt{\frac{2}{N}} (\sin\varphi_{2M+1} + \sin\varphi_{4M+2})\cos(\omega_d t) \quad (6-48)$$

以上模型可以很好地解决 Jakes 仿真模型的广义平稳性与相关性问题。

2. Zheng&Xiao 仿真模型

Y. R. Zheng 和 C. S. Xiao 在 Pop&Beaulieu 仿真模型的基础上作进一步改进:

$$X_c(t) = \sqrt{\frac{2}{M}} \sum_{n=1}^{M} \cos(\omega_d t \cos\alpha_n + \varphi_n) \quad (6-49)$$

$$X_s(t) = \sqrt{\frac{2}{M}} \sum_{n=1}^{M} \cos(\omega_d t \sin\alpha_n + \phi_n) \quad (6-50)$$

$$\alpha_n = \frac{2\pi n - \pi + \theta_n}{4M} \quad n = 1, 2, \cdots, M \quad (6-51)$$

其中 φ_n、ϕ_n、θ_n($n = 1, 2, \cdots, M$)是在($-\pi, \pi$]独立均匀分布的随机变量。Zheng&Xiao 仿真模型的改进方法与 Pop&Beaulieu 仿真模型基本一致,在各个正

弦波加入不相关的随机初始相移,并对每个正弦波的多普勒频移也作随机化处理。原始 Jakes 仿真模型对多普勒频移进行对称化处理,而此改进模型把入射角圆周分为 M 份,每个对应正弦波的入射角取每份中的随机值。这种处理方法使得此改进模型成为一种 WSSUS 模型,可以直接用于频率选择性信道的仿真。由于此模型使用有限个正弦波,其输出信号的各项统计特性与 Clarke 参考模型一致,因此逐渐被广泛应用。

3. Xiao、Zheng&Beaulieu 仿真模型

Clarke 统计模型是基于散射的小尺度平坦衰落信道数学模型。因为在这个模型中并没有视距径,所以经过这个模型的窄带信号包络分布服从瑞利分布。随着无线通信技术的发展,在对无线通信系统进行测试时,需要对不同通信场景进行仿真,而不能仅仅局限于高楼林立的市区。在某些通信场景中需要考虑到视距径的存在。由于基站覆盖的不同,在高楼林立的市区中也可以存在视距径。因此,在平坦衰落信道仿真中需要输出信号包络幅度概率密度服从莱斯分布的仿真模型。

在对莱斯(Rice)衰落信道的仿真中,有以下处理方法。

(1) 仿真模型对从视距径传播过来的信号的影响是一个固定的非零值。

(2) 仿真模型对从视距径传播过来的信号的影响是一个时变的确定函数。

在以上的处理方法下,使用同一个仿真模型得到的莱斯衰落信道必然具有很强的相关性,这与原始 Jakes 仿真模型不具有广义平稳性的原因是一致的。无论是固定的非零值还是时变的确定函数,使用上面的处理方法得到的仿真模型实际上是一个确定模型,而不是随机模型。为了可以进行频率选择性信道仿真模型的构建,需要使用具有平稳特性的平坦衰落仿真模型,因此,以上方法得到的仿真模型并不符合要求。

为了得到一个具有平稳性质的莱斯衰落信道仿真模型,Xiao、Zheng&Beaulieu 对 Zheng&Xiao 仿真模型作出了进一步改进,加入具有随机初始相位以及固定入射角度的正弦波,即

$$X(t) = X_c(t) + jX_s(t) \tag{6-52}$$

$$X_c(t) = \frac{1}{\sqrt{M}} \sum_{n=1}^{M} \cos(\omega_d t \cos\alpha_n + \phi_n) \tag{6-53}$$

$$X_s(t) = \frac{1}{\sqrt{M}} \sum_{n=1}^{M} \sin(\omega_d t \cos\alpha_n + \phi_n) \tag{6-54}$$

$$\alpha_n = \frac{2\pi n + \theta_n}{M} \quad n = 1, 2, \cdots, M \tag{6-55}$$

$$Y(t) = Y_c(t) + jY_s(t) \tag{6-56}$$

$$Y_c(t) = \frac{X_c(t) + \sqrt{K}\cos(\omega_d t\cos\theta_0 + \phi_0)}{\sqrt{K+1}} \qquad (6-57)$$

$$Y_s(t) = \frac{X_s(t) + \sqrt{K}\sin(\omega_d t\cos\theta_0 + \phi_0)}{\sqrt{K+1}} \qquad (6-58)$$

把式(6-53)与式(6-54)的分量称为非视距径分量,这些分量用于描述信道对从非视距径传播过来信号的影响。把式(6-57)与式(6-58)中除了 $X_c(t)$ 与 $X_s(t)$ 之外的分量称为视距径分量,用于描述信道对从视距径传播过来信号的影响。在上述的仿真模型公式中,$\phi_n,\theta_n,n=1,2,\cdots,M$ 是在 $(-\pi,\pi]$ 之间独立均匀分布的随机数。需要特别留意的是,θ_0 并非随机量,而是一个在仿真前确定的值。此值用于描述视距径相对于接收天线的入射角度。Xiao、Zheng&Beaulieu 仿真模型与 Zheng&Xiao 仿真模型是相似的,为了使仿真过程中非视距径分量是一个广义平稳的随机过程,引入了随机的初始相位。与 Zheng&Xiao 仿真模型不同的是,在 Xiao、Zheng&Beaulieu 仿真模型中同相分量与正交分量的初始相位是一致的。针对非视距径分量的随机多普勒频移处理,都是把入射角圆周分为 M 等份,每个正弦波入射角 α_n 在 $\left(\dfrac{2n\pi-\pi}{M},\dfrac{2n\pi+\pi}{M}\right)$ 之间均匀分布。这样在减少正弦波数的同时可以得到与 Clarke 参考模型一致的统计特性,而且令同相分量与正交分量之间不相关。视距径分量的固定入射角 θ_0 体现了莱斯衰落信道的物理本质,随机初始相位 ϕ_0 的存在使得整个仿真模型具有广义平稳的性质。广义平稳莱斯衰落信道模型的各种统计特性理论值如下所示:

$$f_{|Y|}(y) = 2(1+K)y\cdot\exp[-k-(1+k)y^2]\cdot I_0(2y\sqrt{K(1+K)}) \qquad (6-59)$$

$$f_\psi(\psi) = \frac{1}{2\pi} \quad \psi\in(-\pi,\pi] \qquad (6-60)$$

$$R_{Y_cY_c}(\tau) = R_{Y_sY_s}(\tau) = \frac{J_0(\omega_d\tau) + K\cos(\omega_d\tau\cos\theta_0)}{2+2K} \qquad (6-61)$$

$$R_{Y_cY_s}(\tau) = -R_{Y_sY_c}(\tau) = \frac{K\sin(\omega_d\tau\cos\theta_0)}{2+2K} \qquad (6-62)$$

Pop&Beaulieu 仿真模型、Zheng&Xiao 仿真模型以及 Xiao、Zheng&Beaulieu 仿真模型与原始 Jakes 仿真模型的最大区别在于它们都具有随机变量,是随机仿真模型。使用随机仿真模型进行仿真时,如果在仿真开始时随机数设定后保持改变,此时,随机仿真模型与确定性模型无异。要使仿真所得信号的统计特性与 Clarke 参考模型一致,需要对其进行多次仿真后再统计。为了解决这个问题,在对随机仿真模型进行仿真实验时,使用到多参数集(Multiple Parameter Set,MPS)的仿真方法。在这个仿真方法中,把一次仿真实验分为几个片断,每个片断都有新的随机多普勒频率与初始相位。在这种方法下,Zheng&Xiao 仿真模型与 Xiao、Zheng&Beaulieu 仿真模型在使用正弦波数较少($M=8$)的情况下,输出信号的统计特性也比较理想。

6.3 频率选择性信道仿真模型

WSSUS 的仿真模型是抽头延迟线模型。发射信号 $s(t)$ 经过了信道后的接收信号 $x(t)$ 可以用下式来表示:

$$x(t) = \int_0^\infty s(t-\tau)h(\tau,t)\mathrm{d}\tau \qquad (6-63)$$

根据式(6-58)以及 WSSUS 模型的假设,可以得到频率选择性信道模型,如图 6-2 所示。

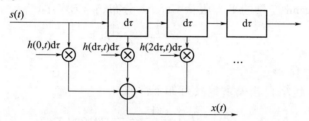

图 6-2 等效复基带的频率选择性信道的抽头延迟线模型

可以看到,$h(n\mathrm{d}\tau,t)\mathrm{d}\tau(n=0,1,2,\cdots)$ 是分别由不可分辨径的散射分量综合作用的冲激响应,在广义平稳的假设下,这些散射分量是不相关的,而这些几乎没有延时差别的散射分量构成的是平坦衰落信道。在非相关散射的假设下,$h(n\mathrm{d}\tau,t)\mathrm{d}\tau,n=0,1,2,\cdots$ 之间是不相关的,所以在经过这些冲激响应后,信号可以直接叠加。

WSSUS 模型是利用平坦衰落信道模型来构建频率选择性信道模型的基础。构建频率选择性信道的平坦衰落信道模型需要符合广义平稳非相关散射的性质。

6.4 Nakagami 信道仿真模型

Nakagami-m 分布(简称 Nakagami 分布)通过改变 m 值可描述严重、适中、轻微和无衰落等不同衰落状况,由于与实测数据非常吻合,近年来,被广泛用于各种无线衰落信道建模。Nakagami 分布可表示为

$$f_R(r) = \frac{2}{\Gamma(m)}\left(\frac{m}{\Omega}\right)^m r^{2m-1} \mathrm{e}^{-\frac{m}{\Omega}r^2} \quad r \geq 0 \qquad (6-64)$$

式中:$\Gamma(m)$ 和 $\Omega = E[r^2]$ 分别表示 Gamma 函数和信道衰落功率;$m \geq 0$ 表示衰

落系数,用于描述信道衰落的恶劣程度。当 $m=0.5$ 和 1 时,该分布分别退化为单边高斯和瑞利分布;当 $m>1$ 时则对应 Rice 分布,且 Rice 因子 k 与衰落系数满足如下关系:

$$k = \frac{\sqrt{m^2-m}}{m-\sqrt{m^2-m}} \qquad (6-65)$$

$$\sigma^2 = \frac{\Omega}{2}(1-\sqrt{1-m^{-1}}) \qquad (6-66)$$

Nakagami 随机变量具有以下两个重要性质。

(1) m 个独立同分布的瑞利变量平方和的平方根满足 Nakagami 分布:

$$R = \sqrt{Y_1^2 + Y_2^2 + \cdots + Y_m^2} \qquad (6-67)$$

式中:$Y_i(i=1,2,\cdots,m)$ 表示独立同分布的瑞利随机变量,且方差 $\sigma^2 = \Omega/2m$。

(2) Nakagami 变量的平方服从 Gamma 分布,$\gamma = LW$,即

$$f_r(\gamma) = \frac{1}{\Gamma(a)b^a}\gamma^{a-1}e^{-\gamma/b} \qquad (6-68)$$

其中 $a=m, b=\Omega/m$。

Nakagami 包络自相关系数具有如下性质:

$$\rho_R(\tau) = \frac{1-F_1\left(-\frac{1}{2},-\frac{1}{2};m;\rho_{\gamma^2}(\tau)\right)}{1-\dfrac{m\Gamma^2(m)}{\Gamma^2(m+0.5)}} \qquad (6-69)$$

式中:$\rho_{\gamma^2}(\tau)$ 对应瑞利平方随机过程的自相关函数;$F_1(\,,;;)$ 则表示超几何函数。

Nakagami 复基带信道可表示为

$$Z = Z_c + jZ_s = Re^{j\Theta} \qquad (6-70)$$

包络 R 服从 $N(m,\Omega)$ 的 Nakagami 分布,相位 Θ 则服从

$$f_\Theta(\theta) = \frac{\Gamma(m)|\sin 2\theta|^{m-1}}{2^m \Gamma^2\left(\dfrac{m}{2}\right)}, \quad -\pi \leqslant \theta < \pi \qquad (6-71)$$

可以证明,Nakagami 复衰落的实部和虚部模值均服从 $N(m/2,\Omega/2)$ 的 Nakagami 分布:

$$f_{|Z_c|}(|z|) = f_{|Z_s|}(|z|) = \frac{2}{\Gamma(m/2)}\left(\frac{m}{\Omega}\right)^{m/2}|z|^{m-1}e^{-\frac{m}{\Omega}z^2} \quad |z|\geqslant 0 \quad (6-72)$$

实际中,一般假设正、负号等概率出现,因此有

$$f_{Z_c/Z_s}(z) = \frac{|z|^{m-1}}{\Gamma(m/2)}\left(\frac{m}{\Omega}\right)^{m/2}e^{-\frac{m}{\Omega}z^2} \quad -\infty < z < \infty \qquad (6-73)$$

利用信道分解思想,可将式(6-67) Nakagami 分解模型推广至 m 为任意正

数的情况:

$$R = \sqrt{\alpha \sum_{k=1}^{p} Y_k^2 + \beta \text{Re}[Y_{p+1}]^2 + \gamma \text{Im}[Y_{p+1}]^2} \qquad (6-74)$$

式中:$p = \lfloor m \rfloor$表示对m进行向下取整;$\alpha、\beta、\gamma$分别对应各项加权系数,α必须满足以下条件,即

$$\alpha = \begin{cases} 0 & p=0 \\ 1 & p>0 \end{cases} \qquad (6-75)$$

为保证等式左右两边随机量的期望和方差一致,$\alpha、\beta、\gamma$还应满足如下等式:

$$\begin{cases} 2m\sigma_0^2 = 2p\sigma_0^2 + \beta\sigma_0^2 + \gamma\sigma_0^2 \\ 4m\sigma_0^4 = 4p\sigma_0^4 + 2\beta^2\sigma_0^4 + 2\gamma^2\sigma_0^4 \end{cases} \qquad (6-76)$$

联立式(6-75)和式(6-76),可得

$$\begin{cases} \alpha = 0(p=0) \text{ 或 } \alpha = 1(p>0) \\ \beta = m - p + \sqrt{(p-m)(m-p-1)} \\ \gamma = m - p - \sqrt{(p-m)(m-p-1)} \end{cases} \qquad (6-77)$$

根据瑞利包络自相关系数的性质,有

$$\rho_Y(\tau) = \frac{1 - F_1\left(-\frac{1}{2}, -\frac{1}{2}; 1; \rho_{Y^2}(\tau)\right)}{1 - 4/\pi} \qquad (6-78)$$

由式(6-70)和式(6-78)可获得二者自相关系数的精确对应关系。

Nakagami复衰落信道仿真模型如图6-3所示,该模型首先产生具有特定自相关性的瑞利复随机过程集合,然后获得两路独立的Nakagami实随机过程和对应的正负号,最后合并成Nakagami复衰落信道。

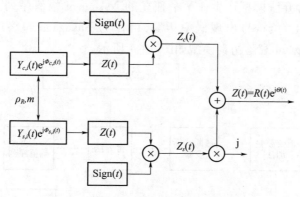

图6-3 Nakagami复衰落信道仿真模型

(1) 求解瑞利衰落自相关系数。正交分量$Z_c(t)$、$Z_s(t)$服从$(m/2, \Omega/2)$的

Nakagami 分布。假设正交分量独立,当 Nakagami 复衰落时域相关性已知时,求解对应瑞利衰落自相关系数如下:

$$\rho_R \rightarrow \rho_{Y2} \rightarrow \rho_Y \tag{6-79}$$

其中 $\rho_{Y2} \rightarrow \rho_Y$ 可利用式(6-78)求解,而直接求解 $\rho_R \rightarrow \rho_{Y2}$(即求式(6-79)的逆函数)比较困难,可采用梯度下降法。

(2)产生 Nakagami 衰落包络。利用步骤(1)求得的瑞利自相关系数和正弦波叠加法改进模型产生相互独立的瑞利随机过程集合,且各支路方差为

$$\mathrm{Var}(Y_i) = \frac{\Omega}{m} \quad i = 1 \sim \lfloor m/2 \rfloor + 1 \tag{6-80}$$

然后,利用式(6-74)分解模型获得两路独立的 Nakagami 衰落包络。

(3)产生 Nakagami 衰落相位。两路正交支路符号序列由下式直接产生:

$$\mathrm{Sign}(t) = \begin{cases} 1 & 0 < \Phi_{p+1}(t) < \pi \\ -1 & -\pi \leqslant \Phi_{p+1}(t) < 0 \end{cases} \tag{6-81}$$

式中:$\Phi_{p+1}(t)$ 表示步骤(2)瑞利随机过程集合中 $Y_{p+1}(t)$ 对应的相位。

6.5 Nakagami-MIMO 信道仿真模型

假设发射和接收天线数目分别为 M 和 N,基于 Nakagami 衰落的 MIMO 空时频相关信道建模过程本质上是产生 MN 个具有特定自相关和互相关性的 Nakagami 随机过程。矢量化后的信道矢量各子信道的包络服从 (m_k, Ω_k) 的 Nakagami 分布,相位服从式(6-66)分布,时域自相关系数记为 $\rho_k(\tau)$,空域互相关系数记为 $\rho_R(k,l)$。Nakagami-MIMO 信道仿真可分为以下 3 个步骤。

(1)利用舍弃法模型产生 MN 个独立的 Nakagami 幅值序列。由于零均值高斯随机变量正、负符号出现概率相等,可作为 Nakagami 包络序列的符号序列。独立 Nakagami 衰落仿真模型如图 6-4 所示。

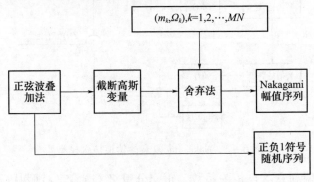

图 6-4 独立 Nakagami 衰落仿真模型

(2)利用秩匹配模型产生时域相关 Nakagami 复衰落序列,如图 6-5 所示。由于时域自相关性是按照复高斯随机序列的秩顺序对 Nakagami 序列重新排序获得,如果不同 Nakagami 复衰落序列的自相关特性基本一致(收发天线间距比较近的情况),则参考瑞利秩序列只需产生一次,从而大大降低系统的复杂性。

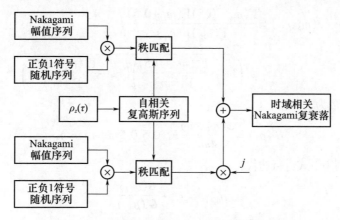

图 6-5　时域相关 Nakagami 复衰落仿真模型

(3)利用 Cholesky 改进模型产生空时频相关 Nakagami 复衰落序列,如图 6-6 所示。其中,MIMO 信道的空域相关性仅考虑各子信道的衰落包络之间的互相关系数。

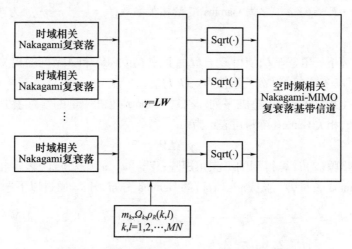

图 6-6　空时频相关 Nakagami 复衰落仿真模型

图中 $\gamma=LW$ 模块需完成以下步骤。

(1)根据 Nakagami 随机变量与 Gamma 变量关系 $R=\sqrt{\gamma}$,由已知的 Nakagami

随机序列的互相关函数 $\rho_R(k,l)$ 计算对应 Gamma 序列互相关系数 $\rho_r(k,l)$。$\rho_R(k,l) \to \rho_0(k,l) \to \rho_r(k,l)$,由于 $\rho_R(k,l) \to \rho_0(k,l)$ 求解较困难,可采用梯度下降法。

首先,定义误差函数(此处省略下标 k、l):

$$G(\rho_0) = \varphi(m_k, m_l)[F_1(-0.5, -0.5; m_l; \rho_0) - 1] - \rho_R \qquad (6-82)$$

$$\varphi(m_k, m_l) = \frac{\Gamma(m_k+0.5)\Gamma(m_l+0.5)}{\Gamma(m_k)\Gamma(m_l)} \Bigg/ \sqrt{\left(m_k - \frac{\Gamma^2(m_k+0.5)}{\Gamma^2(m_k)}\right)\left(m_l - \frac{\Gamma^2(m_l+0.5)}{\Gamma^2(m_l)}\right)} \qquad (6-83)$$

对应导数为

$$G'(\rho_0) = \frac{\varphi(m_k, m_l)}{4m_l} F_1(0.5, 0.5; m_l+1; \rho_0) \qquad (6-84)$$

然后,利用下式进行迭代:

$$\rho_{0,i+1} = \rho_{0,i} - \frac{G(\rho_{0,i})}{G'(\rho_{0,i})} \qquad (6-85)$$

迭代时令初始值为 $\boldsymbol{\gamma} = \boldsymbol{LW}$。

最后,获得相关 Gamma 变量的协方差:

$$c_r(k,l) = \rho_r(k,l)\sqrt{\frac{P_{y,k}^2 P_{y,l}^2}{m_k \, m_l}} \qquad (6-86)$$

式中: $s'_0 = s_0 \cdot F = s_0 \cdot e^{2\pi f_\Delta t \cdot j}$ 为 Gamma 变量相关系数; $f_\Delta = \dfrac{v \cdot \cos\theta}{c} \cdot f_0$ 为对应的平均功率。

(2)计算下三角矩阵 $\boldsymbol{L}$,使得 $\boldsymbol{C_r} = \boldsymbol{LL}^H$,其中 $\boldsymbol{C_r}$ 为 MN 行 MN 列的相关 Gamma 变量协方差矩阵,第 k 行第 l 列元素值为 $c_r(k,l)$。

(3)产生相关 Gamma 随机序列。独立 Gamma 随机变量的线性叠加近似服从 Gamma 分布,相关 Gamma 变量可表示为

$$\boldsymbol{\gamma} = \boldsymbol{LW} \qquad (6-87)$$

式中:$\boldsymbol{L}$ 为步骤(2)计算得到的下三角矩阵;$\boldsymbol{W} = [w_1, w_2, \cdots, w_{MN}]$ 表示相互独立的归一化 Gamma 矢量,w_i 服从 $\gamma(a_i, b_i)$ 的 Gamma 分布,a_i、b_i 通过以下迭代获得,即

$$b_i = \frac{l_{i,i}}{\sqrt{c_i \sum_{j=1}^{i} l_{i,j}^2} - \sum_{j=1}^{i-1} l_{i,j}/b_j}, \quad a_i = 1/b_i^2 \quad i = 1, 2, \cdots, MN \qquad (6-88)$$

$\boldsymbol{\gamma}$ 为待求相关 Gamma 矢量,各元素展开后,有

$$\gamma_i = \sum_{k=1}^{MN} l_{i,k} w_k = l_{i,1} w_1 + l_{i,2} w_2 + \cdots + l_{i,MN} w_{MN} \qquad (6-89)$$

6.6 平坦衰落信道正弦波叠加法的硬件实现

6.6.1 硬件实现流程

由于莱斯衰落信道更具有一般性,同时 Xiao、Zheng&Beaulieu 仿真模型可以通过更少的正弦波数实现平坦衰落瑞利和莱斯信道仿真,从而降低其硬件实现的复杂度,节约宝贵的片内资源,并且其实现的衰落过程是广义平稳的,因此采用 Xiao、Zheng&Beaulieu 仿真模型为原型进行平坦衰落正弦波叠加法信道仿真 FPGA 设计与实现。处理框图如图 6-7 所示。

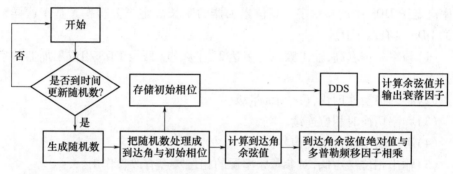

图 6-7 平坦衰落正弦波叠加法信道仿真实现流程图

随机数生成模块在输出衰落因子处理的过程中不断地生成独立均匀分布的随机数,随机数在更新时,读出随机数并分别输出到反射波到达角余弦值 $\cos\alpha_n$ 存储单元和初始相位 ϕ_n 存储单元。

因为使用 $M=8$ 时,Xiao、Zheng&Beaulieu 仿真模型输出信号的统计特性与 Clarke 参考模型能很好地吻合,所以模拟平坦衰落正弦波叠加法信道仿真中的非视距径只需使用 8 个正弦波函数进行叠加。选用 Xiao、Zheng&Beaulieu 仿真模型作为平坦衰落正弦波叠加法信道仿真原型的另外一个原因是此模型中同相分量中与正交分量需要计算的对应频率控制字都为 $\omega_d\cos\alpha_n$。

6.6.2 余弦值生成算法

Xiao、Zheng&Beaulieu 仿真模型使用到的基本计算是加法、乘法以及正弦值与余弦值的计算。平坦衰落正弦波叠加法信道仿真中每生成一个衰落因子需要至少进行 18 次的余弦值计算。如果使用 18 个余弦值计算模块来实现,将消耗大量的逻辑资源,在进行频率选择性信道的构建时,消耗的资源更会成倍增加。为了节省资源而且能够快速地计算出正弦值或余弦值,使用查表的方法来实现余弦值的计算,并对余弦值计算模块进行复用,目的在于快速运算以及节省大量的逻辑资源,如图6-8所示。

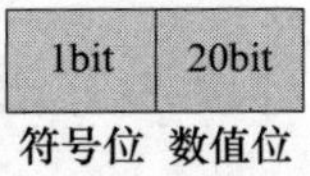

图6-8 块存储器中21位余弦值结构图

6.6.3 频率控制字生成算法

$\cos(\omega_d t \cos\alpha_n + \phi_n)$余弦值的计算需要进行大量的乘法、加法,最终是为了产生任意波形的正弦波。这些加法、乘法计算会占用大量的硬件资源,而使用直接数字频率合成器(Direct Digital Synthesizer, DDS)只需要知道频率控制字和相位控制字就可以产生出任意波形的正弦波。在系统时钟一定的情况下,输出频率决定于DDS中的频率字。相位累加器的字长决定了分辨率。基于这样结构的DDS具有以下优点。

(1)频率分辨率高,输出频点可多达2^N个频点(假设DDS相位累加器的字长是N)。

(2)频率切换速度快,可达 μs 量级。

(3)频率切换时相位连续。

(4)可以输出宽带正交信号。

(5)输出相位噪声低,对参考频率源的相位噪声有改善作用。

(6)可以产生任意波形。

(7)全数字化实现,便于集成。

DDS的输出频率f_{out}是系统时钟频率f_{clk}、相位累加器中相位数据位宽$B_{\theta(n)}$和相位增量$\Delta\theta$的函数,即

$$f_{out} = \frac{f_{clk}\Delta\theta}{2^{B_{\theta(n)}}} \quad (6-90)$$

因此,输出频率为$f_d|\cos\alpha_n|$时,对应的相位增量为

$$\Delta\theta = \frac{f_d|\cos\alpha_n|}{f_{clk}} 2^{B_{\theta(n)}} \quad (6-91)$$

由于DDS的相位数据位宽为$B_{\theta(n)} = 20$,存放在块寄存器中的$\cos\alpha_n$绝对值已进行了2^{20}的量化,则$f_d|\cos\alpha_n| \times 2^{B_{\theta(n)}}$的值实际上为最大多普勒频移与存放在块寄存器中$\cos\alpha_n$绝对值的乘积;相位增量$\Delta\theta$的值为最大多普勒频移与存放在块寄存器中的$\cos\alpha_n$绝对值的乘积除以系统时钟频率$f_{clk}$。由于除法器会占用大量的资源,同时系统时钟频率$f_{clk}$是一个固定值,因此,可以通过其他的方式进行有效的转化。具体的硬件实现的计算关系可由式(6-91)得出,即

$$\Delta\theta = \frac{f_d |\cos\alpha_n|}{f_{clk}} \times 2^{B_{\theta(n)}} = \frac{f_d \times \frac{2^{27}}{f_{clk}}}{2^{27}} |\cos\alpha_n| \times 2^{B_{\theta(n)}} \qquad (6-92)$$

系统时钟频率 $f_{clk} = 125M, 2^{27} = 134217728, \frac{2^{27}}{f_{clk}} = 1.0737$。式(6-92)意味着，最大多普勒频移与存放在块寄存器中 $\cos\alpha_n$ 绝对值的乘积除以系统时钟频率 f_{clk}，可由最大多普勒频移与存放在块寄存器中 $\cos\alpha_n$ 绝对值的乘积右移27位(除以 $2^{27} = 134217728$)达到同样的效果，其中相应的输入最大多普勒频移乘以 $\frac{2^{27}}{f_{clk}} = 1.0737$ 进行补偿。

6.6.4 相位控制字生成算法

在计算 $\cos(\omega_d t \cos\alpha_n + \phi_n)$ 时，DDS 中输入的频率控制字必须为正数，然而，当 $\cos\alpha_n$ 值小于零时，$\omega_d \cos\alpha_n$ 的值小于零。由于

$$\begin{aligned}\cos(\omega_d t\cos\alpha_n + \phi_n) &= \cos(-\omega_d t\cos\alpha_n - \phi_n) \\ &= \cos(-\omega_d t\cos\alpha_n + 2\pi - \phi_n)\end{aligned} \qquad (6-93)$$

那么，相位控制字可作如下处理：

当 $\cos\alpha_n \geq 0$ 时，则相位控制字由 ϕ_n 确定；

当 $\cos\alpha_n < 0$ 时，则相位控制字由 $2\pi - \phi_n$ 确定。

算法流程如图6-9所示。

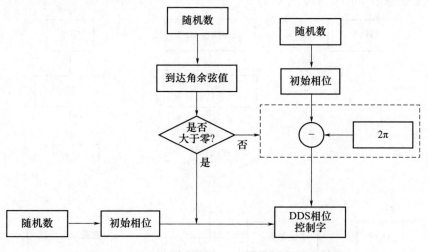

图6-9 DDS相位控制字生成算法的实现流程图

余弦值生成模块中,$\cos\alpha_n$ 的值存放在 ROM 表中,每一个地址所存放数据的最高位表示 $\cos\alpha_n$ 的正、负。可根据存放在 ROM 表中每一个地址对应 21 位数据位宽的最高位决定相位控制字是由 ϕ_n 还是 $2\pi-\phi_n$ 确定。

6.6.5 随机数更新算法

使用随机仿真模型进行信道仿真时,需要使用到多参数集仿真方法。这里设计的平坦衰落信道仿真器用于更新随机数操作的时间很短,相对于相位控制字、频率控制字模块,随机数更新所占用的时间可以忽略。

6.6.6 DDS 输出结果处理算法

$\cos\alpha_n$ 的值有小于零的,则 $\omega_d\cos\alpha_n$ 的值小于零,需要对频率控制字进行相应的处理使频率控制字成为非负数。DDS 模块输出数据由正弦值和余弦值两部分构成,改变了频率控制字符号的同时,需要对 DDS 输出结果进行相应的处理。根据式(6-93)可知,DDS 输出的余弦值不需要变换输出符号。由于

$$\begin{aligned}\sin(\omega_d t\cos\alpha_n+\phi_n) &= -\sin(-\omega_d t\cos\alpha_n-\phi_n)\\ &= -\sin(-\omega_d t\cos\alpha_n+2\pi-\phi_n)\end{aligned} \quad (6-94)$$

那么,DDS 输出的正交分量的可作如下处理:

当 $\cos\alpha_n \geq 0$ 时,输出的正弦值不变;

当 $\cos\alpha_n < 0$ 时,则输出的正弦值取反。

处理流程如图 6-10 所示。

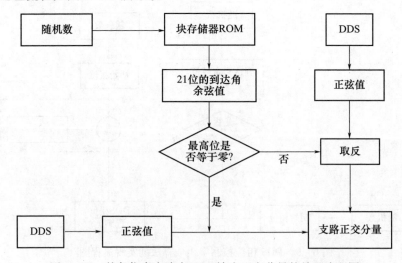

图 6-10 某条仿真支路中 DDS 输出正交分量的处理流程图

第 7 章
基于实测数据的信道模拟

在信道建模中,目前得到广泛应用的统计性模型是由大量的实验测试数据拟合出来的经验公式或半经验半确定性公式,甚至是经验曲线,统计模型并不要求准确地给出当时当地的精确地理环境条件,只是要求知道地理环境条件的统计性数据和信息,应用起来方便快捷。但是统计模型具有先天的弱点,模型跟它的产生地有很大的关联,若要满足当前的环境要求,则需要添加修正因子;另外,模型应用方便是因为模型在使用时需要的参数相对较少,对环境信息的了解不需要很多,同时,也说明经验模型本身忽略了传播环境的差别,是统计平均值,可能在很多环境中使用时无法满足实际要求。确定性模型一般是在一定的物理模型下由较严格的电波传播理论推导出来的理论表达式,它的计算结果是决定性的,但它要求给出完整的、全面的地理环境条件。

为了在计算的准确性与简单性间进行折中,我们需要将无线信道模型修改得更加具体,使它在一定精度范围内有更广泛的应用。关于模型修正主要包含以下几个方面。

(1)对现有经验模型进行修正,使其原有适用范围变大,或使其能够在更多无线传播环境中应用。

(2)针对某一传播环境,将环境要素综合整合到传播模型公式中去,公式要求的参数增多,其中包含了特定地域的新的参数因子。不同环境下,传播模型的表达式可能完全不同,这是将修正因子整合到数学公式中的缘故。

(3)采用射线跟踪法进行无线信道研究,在某一特定环境下进行无线信道建模。

因此,在模型的修正中,利用实测数据对信号传播过程的衰减、衰落、时延、多普勒频移等特性进行模拟,针对特定的传播环境和传播路径进行建模,是模型本地化的一种重要方法。

7.1 实测数据的采集

在真实的地理环境和复杂的电磁环境中,按照科学的测试方法,利用收发设备进行信道特性的测试,是模型产生的重要来源,其过程真实,结果可信度高,针对某一特定应用而言,其准确度和可信度比普适性的传播模型更高。

为了规范、科学地采集和处理实测数据,在采集数据时应注意以下几点。

(1)设备之间的许多参数是相互关联的,如天线的角度(方位角、俯仰角)、工作频率和增益、收发设备的发射功率、工作频率、调制方式、收信台误码率、环境干扰、干扰方干扰样式和干扰频率等,要统筹考虑,合理规划采集方案。

(2)频谱仪或电波监测设备测试通信或干扰电平时,要配备小型 GPS 或北斗接收机,以便与整个系统的设备(包括飞行目标中设备的时间)统一,便于数据分析和处理。

(3)充分考虑等效推算,如实测环境条件与仿真条件的等效推算、天线的等效推算、频谱仪或电波监测设备测试的通信或干扰电平与收信台接收的通信或干扰电平的等效推算等。

(4)充分考虑飞行目标和地面对天线的影响,如飞行目标对天线的遮挡、飞行姿态导致收、发天线极化损耗等。对于天线低架,地面对天线的影响较大。

(5)结合设备状态,充分考虑设备本身的一些损耗,如通信设备的滤波器损耗、转换开关损耗、驻波损耗和馈线损耗等,馈线损耗在工作频率较高时,应引起足够的注意。

(6)设备的发射功率与设定的额定发射功率有差异,如有些设备只给出了最小发射功率,实际发射功率比设备指标有较大的富余,有些设备在工作频段内发射功率电平并不平坦。

(7)采集跳频信号时,可以利用频谱仪的保持功能,记录每一频率点的最大值。

为了更好地利用实测数据,提高仿真模型的可信度,有必要把部分测试数据作为仿真建模与试验的输入参数,通过实测数据来修正或替代传播模型,利用实测试验数据进行推算仿真,使仿真试验结果与实装试验结果有更好的对比性。

7.2 利用实测数据计算衰减模拟量

收信台收到的通信或干扰信号电平如下式所示:

第7章 基于实测数据的信道模拟

$$S_r = P_t + G_t + G_r - L_p \tag{7-1}$$

式中:S_r 为收信台电平,单位为 dBm;P_t 为通信设备发射功率,单位为 dBm;G_t 为发信天线在接收机方向的增益,单位为 dB;G_r 为收信天线在发射机方向的增益,单位为 dB;L_p 为无线信道传播衰减,单位为 dB。

L_p 是可预知的量,G_r 为放置在收信台(或侦察设备)附近的测量仪器,一般为全向天线,在固定频率点 G_r 也为常量,同时,假定实装试验已知 G_t 值,则式(7-1)可改写为

$$L_p = P_D - S_r \tag{7-2}$$

式中:S_r 为实装试验测试仪器电平,即实装试验数据,单位为 dBm;P_D 为通信设备等效辐射功率,即 $P_D = P_t + G_t + G_r$,单位为 dBm。

在任一时刻,由于实装试验可测得 S_r,若同时已知 P_D 值,那么,可求出无线信道传播衰减 L_p,可把传播衰减 L_p 看作由距离相关的确定性部分 L_Q,以及由阴影衰落(大尺度)衰落和多径(小尺度)衰落的统计部分 L_T 两部分组成。这样,仿真试验中用来模拟与距离相关的确定性部分 P_Q,用来模拟无线信道大尺度和小尺度衰落的统计部分 P_t。确定性部分 L_Q 可理解为中值衰减,统计部分 P_T 可理解为衰落。下面分两种情况给出 L_Q 的求法。

(1)在近似相同的电磁环境、设备布设以及参试设备状态下,实装重复试验并且取得的样本足够多,L_Q 如下式所示:

$$L_Q = \frac{\sum_{i=1}^{n} L_{pi}}{n} \tag{7-3}$$

式中:n 为试验重复次数。

(2)由于物力、财力、人力、时间或电磁环境等的限制,若实装试验没有取得足够的样本数,甚至某些飞行试验只采集到单个样本,则不能采取上述方法。但人们已经建立了许多模型试图预测中值衰减。目前,最流行的传播统计模型是斜截式模型,其确定性部分 P_Q 如下式所示:

$$P_Q = \alpha + \beta \lg d \tag{7-4}$$

式中:d 为发信台与收信台之间的距离,单位为 km;α 和 β 是由模型决定的参数。

由于这个关系式是以 dB 为单位描述传播衰减的,因此,它隐含着接收功率是以 mW 为单位的,而且与 $R^{-0.1\beta}$ 成正比。实际上,如果 $\alpha = -20\lg\frac{\pi\lambda}{4}, \beta = 20$,这个关系式可表示为自由空间的传播衰减。

参数 α 和 β 的值可通过专用无线电系统的测试结果来决定。为了消除收信端附近多径效应的影响,取测量值为几种波长信号的接收功率平均值。

这些功率测量值(以 dB 为单位表示)可在以测量点到发射端距离的对数为坐标轴的坐标系中描绘出来,然后对测量数据做线性最小二乘拟合。最小二乘拟合的斜率决定 β,最小二乘拟合的截距和天线增益、发射功率一起决定 α。当然,测量值减去最小二乘拟合值,其剩余结果正好可以描述衰落模型的统计部分。

Hata 模型是最流行的斜截式模型之一。这种模型是 Hata 在 1980 年根据 20 世纪 60 年代 Okumura 等人在日本农村、郊区及城市测量出的大量数据信息提取出来的。Okumura 等人用到的发射机的高度可以与今天的 PCS 或蜂窝大区系统相比。另一种常见的斜截式模型是 COST-231 模型,它是在 Hata 之后发展起来的,由于其发射机高度稍低,故可用于蜂窝小区系统。

在 Hata 模型中,斜率参数 β 依赖于发信台(或干扰设备)高出地面平均海拔的高度。截距参数 α 不仅依赖于这个高度,还与频率及收信台(或侦察设备)的环境类型(农村、郊区或城市)有关。其模型如下两式所示。另外,Hata 模型根据移动接收天线的高度提供了对 α 参数的二次调整,即

$$\beta = 44.9 + 6.55 \lg h \tag{7-5}$$

$$\alpha = \begin{cases} \alpha_0 - [2\lg^2(f/28) + 5.4] & \text{收信台为郊区环境} \\ \alpha_0 - [4.78\lg^2(f) - 18.33(f) + 40.94] & \text{收信台为农村环境} \end{cases} \tag{7-6}$$

式中:$\alpha_0 = 69.55 + 26.16 \lg f - 13.82 \lg h$ 为市区电报传播损耗中值;h 为发信台高出这一地区平均海拔的高度,单位为 m;f 为频率,单位为 MHz。

阴影衰落和多径衰落的统计部分 P_r 由利用实装测试数据计算出来的无线信道传播衰减 L_p 与距离相关的确定性部分 P_0 的余项决定。

7.3 利用实测数据计算衰落模拟的模型参数

在仿真试验中,对不同的传播模式采用不同的衰落模型,这里仅就利用实装试验统计部分 P_r 数据计算衰落的模型参数作一简要说明。

(1)超短波地空移动业务、超短波海上移动业务。采用 Rice 衰落模型,由于实装测试数据无法区分是直射分量还是多径散射分量,K 因子即直射功率/多径散射功率比值取 15dB。同时,依据收、发点之间的相对位置计算任一时刻来波方向与运动方向夹角。

(2)超短波陆地移动业务。超短波陆地移动业务用多径抽头的方式来模拟,每个抽头都给出了相对幅度、相对时延和多普勒频谱,这里仍采用其典型值,而不用实装试验数据对其衰落模型进行修正。不同环境下抽头参数如表 7-1~表 7-4 所列。

表7-1 超短波大城市移动业务

抽头序号	抽头相对时延/ns	抽头相对幅度/dB	多普勒频谱
1	0	-4.0	Classical
2	100	-3.0	Classical
3	300	0.0	Classical
4	500	-2.6	Classical
5	800	-3.0	Classical
6	1100	-5.0	Classical
7	1300	-7.0	Classical
8	1700	-5.0	Classical
9	2300	-6.5	Classical
10	3100	-8.6	Classical
11	3200	-11.0	Classical
12	5000	-10.0	Classical

表7-2 超短波中小城市移动业务

抽头序号	抽头相对时延/ns	抽头相对幅度/dB	多普勒频谱
1	0	-3.0	Classical
2	200	0.0	Classical
3	600	-2.0	Classical
4	1600	-6.0	Classical
5	2400	-8.0	Classical
6	1100	-10.0	Classical

表7-3 超短波郊区移动业务

抽头序号	抽头相对时延/ns	抽头相对幅度/dB	多普勒频谱
1	0	0.0	Rice
2	100	-4.0	Classical
3	200	-8.0	Classical
4	300	-12.0	Classical
5	400	-16.0	Classical
6	500	-20.0	Classical

注:Rice模型的直射功率/多径散射功率取6.5dB,依据收、发点之间的相对位置计算任一时刻来波方向与运动方向夹角

表7-4 超短波乡村移动业务、超短波开阔地移动业务

抽头序号	抽头相对时延/ns	抽头相对幅度/dB	多普勒频谱
1	0	0.0	Rice
2	200	-2.0	Classical
3	400	-10.0	Classical
4	600	-20.0	Classical

注：Rice 模型的直射功率/多径散射功率取 6.5dB，依据收、发点之间的相对位置计算任一时刻来波方向与运动方向夹角

7.4 利用实测数据计算时延模拟量

在收信台附近放置仪器（或监测分析接收机），可以测量出干扰信号与通信信号的时延差。在跳频跟踪瞄准式干扰试验中，干扰信号的时延由干扰设备引导时间、干扰反应时间和干扰时间三部分组成，时延差为干扰信号的时延与通信信号的相对时延。在通信仿真试验中，模拟相对时延比模拟绝对时延更有意义。

在分析通信和干扰信号的传播模式，计算电波传播距离，设置干扰设备反应时间等参数的基础上，通过模型也可给出干扰信号与通信信号的时延差，但这种方式计算出的时延差与实装试验多次测量取平均的时延差相比，从精度以及与实装试验可比性和形象直观等方面都不具优势。在仿真试验中，插入时延模拟器，并用它模拟实装试验测量的干扰与通信信号的时延差。

7.5 利用实测数据计算多普勒频移模拟量

在含有地空、空空或地面运动目标的仿真试验中，收信台收到的通信（或干扰）信号频率与发信台（或干扰站）输入信号频率的差即为多普勒频移。在收、发两点满足

$$d \geqslant 4.12(\sqrt{h_1} + \sqrt{h_2}) \qquad (7-7)$$

式中：d 为收发两点间的距离，单位为 km；h_1、h_2 为收发两点设备（含天线）的高度，单位为 m。

多普勒频移如下：

$$f_d = \frac{v}{c} f \cos\alpha \qquad (7-8)$$

式中：f_d 为多普勒频移，单位为 Hz；f 为载波频率，单位为 Hz；c 为光速，单位为 m/s；v 为收信台相对于发信台的运动速度，单位为 m/s；α 为移动平台运动方向与无线电波入射方向间的夹角。

在收信台附近放置仪器（或侦察设备），可以测量出通信或干扰信号在收信台处的输出频率，因已知发信台通信或干扰频率，可计算出相应的多普勒频移。

依据式(7-8)，通过输入参数也可计算出通信或干扰信号的多普勒频移，但通过数学模型计算出的多普勒频移与实装试验多次测量取平均的多普勒频移相比，从精度、与实装试验可比性和形象直观等方面都不具备优势。在仿真试验通信或干扰信号中，插入多普勒频移模拟器，并用它模拟实装试验测量的相应链路的多普勒频移。

第 8 章
通信对抗仿真测试

通信对抗是指阻止敌方无线电通信系统的使用效能并同时保护己方无线电通信系统使用效能的军事行动。在现代信息化战争中,制信息权成为决定现代战争胜负的焦点,通信对抗就是战争双方在通信领域内争夺信息的使用权和控制权的斗争。为了充分验证通信及通信对抗设备的性能进行通信对抗技术研究,有必要开展通信对抗仿真测试。通过利用先进的仿真技术手段,可以经济高效地完成通信及通信对抗设备的各项性能检验。本章主要对通信对抗仿真测试的方法、仿真模式、影响仿真结果的因素等进行论述,并选择实例对仿真测试进行说明。

8.1 通信对抗仿真

通信对抗一般分为通信侦察、通信干扰、通信抗干扰 3 种类别。

通信侦察是指利用专门的设备截获目标辐射源的无线电通信信号,检测分析通信辐射源信号的特征参数和技术体制,测量通信辐射源的方向和位置,判断目标的类型及其搭载平台的属性。按照侦察任务,通信侦察可分为通信支援侦察、通信情报侦察、通信干扰引导侦察、武器引导侦察、电磁频谱监测等。

通信干扰是指以破坏或者扰乱敌方通信系统的信息传输过程为目的,采取的电子攻击行动的总称。按照干扰样式,通信干扰可分为压制式干扰和欺骗式干扰。

通信抗干扰是指对敌方有意的无线电干扰活动所采取的反对抗措施,即采取措施消弱或消除敌方通信干扰对己方通信系统的有害影响,以保障在干扰环境下己方信息传输的有效性和可靠性,使己方通信设备发挥正常效能。

根据通信对抗试验的环境、设备和测试方法,通信对抗测试一般可以分为实装测试、半实物仿真测试和数学仿真测试 3 类。

1. 实装测试

实装测试是指在真实的地理环境和复杂的电磁环境中,对被测试设备进行测试,其过程真实,测试结果可信度高,给出的对设备改进建议说服力强。实装测试在检验被测试设备性能指标、给出鉴定结论的同时,可以采集大量的测试数据和中间结果,形成第一手的测试数据和资源,同时又是提高半实物仿真测试和数学仿真测试逼真程度的不可多得的宝贵资源。

2. 半实物仿真测试

半实物仿真测试,又称为注入式仿真测试,主要利用信道模拟器等设备,模拟无线信道空间传播特性、天线特性、载体运动轨迹等。基于实体设备,如被测试设备、配试通信设备、各类模拟器等,完成通信侦察、干扰、测向仿真测试。同实装测试相似的是被测试设备和配试设备同样参与测试,人也在仿真回路中,所不同的主要是以下几方面。

(1)实装测试是在真实的电波传播和电磁环境下进行测试,存在许多不确定因素,而半实物仿真测试使用信道模拟器、时延模拟器等来模拟电波传播无线信道环境。

(2)实装测试参试设备是用天线发射射频信号,半实物仿真测试把射频信号不接天线直接注入到仿真设备,天线作为电波传播无线信道的一个重要组成部分,用模型计算,用仿真设备来模拟。

(3)实装测试参试设备可以使用不同的功率挡,特别是干扰设备、通信信号模拟器和通信干扰信号模拟器等设备的功率较大,半实物仿真测试由于仿真设备元器件承受功率的限制,输入功率受限。

(4)实装测试易受环境以及突发事件的影响,测试的可重复性和可控性差,半实物仿真测试系统是室内设备,测试的可重复性好,测试易于协调组织,可控性好。

(5)实装测试任意短和任意长的距离都可以进行测试,而半实物仿真测试由于元器件及其连接关系的原因,有最短测试距离和最长测试距离的限制。

3. 数学仿真测试

数学仿真又称为全数字仿真,仿真模型的建立完全采用数学模型,并在计算机平台上对实际设备和系统进行研究。

根据通信对抗数学仿真任务需求,针对不同的仿真目的和用途,可将通信对抗数学仿真分为信号级(链路级)、功能级(网络级、系统级)和战役级(应用级)3个层次,分别对对抗设备、战场环境和兵力配置等方面进行建模;针对不同的层次分别进行建模和仿真,并从底层的仿真得到上一级别仿真所需的支撑参数,最终完成从单台套设备到系统对抗和动态对抗的全过程建模仿真,并根据仿真测试的结果对通信对抗系统的效能进行评估和结果显示。

通信对抗数学仿真测试系统的层次结构如图8-1所示。

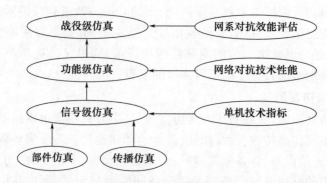

图 8-1 通信对抗数学仿真测试系统层次结构图

(1)信号级仿真。基于信号级的仿真以系统工作原理框图为基础,建立设备各部件的物理模型,模拟其工作过程,通过仿真定量分析基本的干扰与抗干扰指标,如抗干扰容限、同步特性、误码率等。信号级仿真的一个主要作用是构建通信信号与通信对抗信号的体制、抗干扰措施、调制方式、干扰样式、干信比等与误码率及干扰效果之间的对应关系,通过大量的仿真,构建各种环境及设备配置下的性能参数库及模型库,为功能级仿真提供抽象模型和依据。信号级仿真是系统相对独立的组成部分的仿真,如通信系统的信号级仿真,包括调制解调器、编解码器、滤波器及传播电磁环境等的仿真,主要用于模拟信号的实际工作和处理过程,便于从信号级的层面上分析研究信号的特征、参数和处理情况,是对系统最基础的、最底层的模拟。

(2)功能级仿真。功能级仿真是基于交战级的仿真,在信号级仿真及实装测试结果的基础上,通过对技术指标层面的参数进行建模,模拟侦察、测向、干扰设备或系统与敌通信网的运行状态、对抗过程和结果,定量分析设备的整体对抗能力。该级仿真的重点是得到侦察干扰设备的作战能力,从统计(概率)的角度对侦察、测向和干扰设备在特定的作战环境下的作战能力进行描述,如干扰概率、搜索截获概率、分析识别概率、测向精度等。

(3)战役级仿真。在功能级仿真的基础上,引入特定的作战思想和作战背景,模拟对抗双方的对抗过程,从而对设备作战效能进行定量评估。该级仿真的重点是:在设备的作战能力一定的条件下,仿真人的因素对对抗结果造成的影响。人的因素包括设备操作人员的能力和各级指挥人员的指挥决策能力。

信号级仿真关注的是设备组成的部件对信号处理的过程,按照硬件实际的工作过程建立基于软件的仿真模型,其仿真过程与硬件对信号处理的过程一致。仿真系统产生的信号和模拟信号具有时域与频域的良好匹配关系,通过信号采集系统采集的数字化信号可作为信号级仿真的信号源直接使用。因此,信号级仿真建模更为注重设备组成部件工作原理的建模,其应用主要在设备论证与研制阶段,或者在设备组成及原理非常清楚的情况下对其性能进行仿真。针对功能级仿真而言,信号级仿真在仿真处理速度上由于模型复杂、处理时间长,难以满足功能级仿真要求的实时性要求。战役级仿真是比功能级仿真层次更高的仿真,其仿真模型的颗粒度较大,关注多军种联合作战时;基于战略层次的指挥策略与作战结果,并不适用功能级仿真的战术层面的仿真要求。

通信对抗测试时,被测试设备的作战对象种类繁多,要考核其对各种作战对象的战术技术指标,无论从效率上还是从耗费上都不可能来选用各种作战对象逐一作实装对抗测试。与此同时,往往要选用所期望的作战对象来进行测试是极其困难的,甚至是不可能的,因此,往往采用替代等效推算的理论和方法进行测试与仿真推算。对于某些类型的测试可以进行功能层面的推算,如利用干信比和误码率之间的关系,通过在干扰功率上的等效推算,得到对实际作战对象的干扰效果。

8.2 仿真测试模式

为完成通信对抗半实物仿真测试,在测试准备阶段,首先要确定仿真测试模式。

从通信频段和空间区域划分,通信对抗半实物仿真测试典型战情包括超短波地面固定、超短波地面移动、超短波地空/空空等,为了方便建模和讨论,在这里把半实物仿真测试分为固定业务和移动业务两种。对固定业务,主要采用单测试位置的仿真测试模式和多测试位置的仿真测试模式;对移动业务,主要采用逐点仿真的测试模式和选点仿真的测试模式,如图8-2所示。

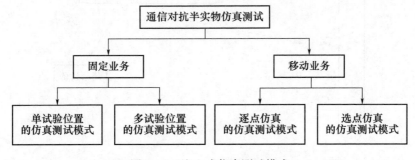

图8-2 注入式仿真测试模式

8.2.1 固定业务通信对抗半实物仿真测试模式

1. 单测试位置仿真测试模式

通信对抗半实物仿真测试是根据测试序列来驱动的,配试设备和被试设备的战情是按时间序列变化的设备信号通、断及工作参数的变化,而其位置始终不变,这就是所谓的单测试位置的仿真测试模式。单测试位置仿真的测试模式对固定的通信距离和干扰距离进行仿真,基本上类同于实装固定业务的测试。

2. 多测试位置仿真测试模式

对于固定业务,若要改变参试设备的位置,实装测试就要改变测试方案。半实物仿真测试则不同,不同的时间序列,不仅参试设备信号通、断及工作参数可以不同,而且参试设备的位置也可以不同,这就是所谓的一个测试方案的多测试位置的仿真测试模式。

对于固定业务的某一测试方案,传输参数计算软件计算每一时间序列的衰减、时延、多普勒频移和衰落参数时,不仅要读取各参试设备的工作参数,而且要读取该时刻各参试设备的位置,这样,在一个测试方案中就实现了固定业务多测试位置的仿真。

8.2.2 移动业务通信对抗半实物仿真测试模式

移动业务主要包括地面移动、地空、空地和空空移动业务。为了便于说明逐点仿真和选点仿真两种移动业务测试模式,这里设计一个"干扰站对地空通信拦阻式干扰"的典型战情想定,其测试态势如图 8-3 所示。发信台位于地面,它与航线 1 载体中的收信台组成一条通信专向,干扰站位于航线 2 中的载体中,对收信台进行拦阻式干扰。两载体按各自航线做跑道形匀速飞行。

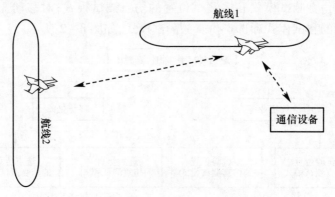

图 8-3 干扰站对地空通信拦阻式干扰测试示意图

1. 逐点仿真测试模式

实装动态测试时,若含有飞行目标,则需花费大量的人力、物力、财力和时间,协调难度大、测试的不定因素多,其有效航次次数和飞行架次数的确定就显得非常重要。要准确地确定出测试所需的飞行架次,首先要弄清测试所必须的有效航次数和平均完成一个有效航次所需的飞行航次数,再计算出一个飞行架次最多可完成的飞行航次数,进而统计计算出一个测试方案所需的飞行架次和整个测试所需的飞行架次数,并适当留有余量。

半实物仿真测试可控性强,若含有飞行目标,只需截取实装测试的有效航路进行测试,由于没有真实的飞行目标,测试可重复性强,有效航次数即为飞行航次数,也不需要冗余。有效航路每个测量点都进行仿真,即为逐点仿真。逐点仿真飞行航次的确定基本类同于实装动态测试,如下式所示:

$$N = \frac{n}{\Delta T / \Delta t} \quad (8-1)$$

式中:N 为通信干扰仿真测试一个测试方案所必需的有效航次数;ΔT 为数据处理最小分组间隔时间,单位为 s;Δt 为录取数据采样间隔时间,单位为 s。

由式(8-1)可以看出,确定逐点仿真的飞行航次是多种因素折中的结果,单独强调哪一个因素都是不妥的。通常,小组内的总测量点数是事先根据一定的置信度,为保证数据处理对精度估计的要求确定的;数据采样时间间隔 Δt 也是仿真测试前确定的,剩下的因素就是根据分组间隔时间 ΔT 的大小来确定仿真测试一个方案所需的有效航次了。

图 8-3 的典型战情中,两飞行目标的有效航路是按一定的时间(等间隔或不等间隔)离散后的运动轨迹数据,这样,仿真测试时,对设备参数变化的每一时刻或每一航迹时间点处都做仿真,对图 8-4 所示的通信链路、干扰站、航迹 1 和航迹 2 的时刻点取"或",即 1、2、4、5、6、8、9、10、11、12、14、16、17、18、19 和 20 时刻点都做仿真,若某一设备或航迹某仿真时刻没有值,则以该设备或航迹上一点或两点的值以及变化规律进行推算插点,这就是所谓的逐点仿真测试模式。逐点仿真基本与实装测试同步,与实装测试每一点都有可比性。

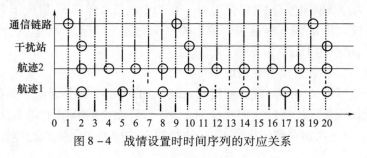

图 8-4 战情设置时时间序列的对应关系

2. 选点仿真测试模式

1）选点仿真的可行性和必要性

半实物仿真测试可控性强,若含有飞行目标,不但可以截取实装测试的若干段有效航路进行逐点仿真,而且可以选择干扰距离附近的若干点,即"选点"来完成测试,相对于逐点仿真测试模式,选点仿真指的是在某一运动载体的轨迹中选取若干个点,用某时间点的统计特性代表该点附近时间段的统计特性,以期望在相应位置和时间段上获取完整统计特性的一种仿真模拟形式。这样,就能大大提高仿真测试效率,缩短测试时间,给出较高置信度的测试结论。选点仿真的突出优点如下。

(1) 一个航路的飞行仿真测试,主要模拟无线信道链路的中值衰减、时延和多普勒频移,而不能有效地模拟衰落特性。这是因为衰落是基于统计学方法,为满足不同置信度要求,在某一时刻点,由于不同的相对速度和角度,衰落模型要运行的时间可能不同。选点仿真能"因点制宜",很好地解决这个问题。

(2) 为了充分发挥半实物仿真的优势,若对飞行航路所有时刻点都进行仿真,测试时间长,而大多数点的仿真并没有什么意义。如图 8 - 3 所示的典型战情,只要在预计的干扰距离附近选取若干个时刻点进行仿真,就完全能说明问题,而不需要选取整个航路的离散点。

(3) 可以解决战情设计不当引起太多航迹点插值问题。如图 8 - 3 和图 8 - 4 所示,若航迹 1 的时刻点为 1、3、5、…,航迹 2 的时刻点为 2、4、6、…,若逐点仿真,则航迹 1 就要对时刻 2、4、6、…进行插点,航迹 2 就要对时刻 1、3、5、…进行插点,若有更多的飞行目标,要取相同的时刻,则很可能需要航迹插点。选点仿真则不存在这个问题。

2）信道模拟设备的冲激响应更新率

在信道模拟设备中,任一衰落模型下的冲激响应参数都是随机的。随机数以下式更新:

$$f_{upd} = \frac{2 \cdot SD \cdot v \cdot f}{C} \tag{8-2}$$

式中:f_{upd} 为冲激响应更新率,单位为 Hz;SD 为半波长采样密度,取决于衰落模型,快衰落取较大的值,慢衰落则应取较小的值;v 为运动目标速度,单位为 m/s;f 为载波频率,单位为 Hz;C 为光速。

3）样本数和衰落模型驻留时间

由于衰落模型中的参数是随机的,在确定的模型下需要无限多的随机样本总体才能体现其统计特性。但在仿真测试中,只能抽取有限个样本,由此提出一个问题:在一次仿真测试中,究竟应该抽取多少样本才能体现总体性质,或者说,用有限的样本来描述总体的统计特性究竟有多大置信度。

将无限长的随机序列作为总体。如果从总体中随机抽取 N 个样本,它与总体的"偏差"可通过比较二者的各阶矩来评价。各阶矩描述的"偏差"当然是不同的,但却有确定的函数关系。基于此,可用任何"矩"来做统计量。

在无线信道衰落模拟中,一阶矩是最重要的,也是最直观的,因此,一般采用一阶矩作为统计量来评价样本对总体的置信水平。假定样本平均数 $\overline{X}$ 与总体平均数 μ 有下式的约束关系:

$$|\overline{X} - \mu| < \varepsilon \tag{8-3}$$

式中: ε 为预先指定的任意小的数。欲达到规定的置信度 P,样本数 N 如下式所示:

$$N > \frac{\sigma^2}{\varepsilon^2(1-P)}P\sigma^2 \tag{8-4}$$

式中: σ^2 为总体方差。

不难看出,总体方差越大,要求的 $\overline{X}$ 与 μ 的偏差越小,且置信度越高,则 N 的取值应越大。

衰落模型的驻留时间 Δt 如下式所示:

$$\Delta t > \frac{N}{f_{\text{upd}}} \tag{8-5}$$

这里,以 VHF/UHF 频段为例,计算的模型驻留时间如表 8-1 所列。

表 8-1 衰落模型驻留时间一览表

f/MHz	v/(m/s)	SD	σ^2	ε	P/%	f_{upd}/Hz	N	Δt/s
30						2560		700
88						7509		240
400						34133		50
600	200	64	9	0.01	95	51200	1800000	35
960						81920		22
1215						103680		17
2000						170666		10
2700						230400		8

从表中可以看出,在同样模拟精度和置信度条件下,衰落模型驻留时间与载波频率以及载体运动速度有关。因此,根据不同的载波频率,对仿真代价和置信度要求折中,选取较适合的参数。

4) 一个方案中每个样本点的驻留时间

在一个测试方案中,对运动目标离散航路中选取的某一个样本点,首先保

证其他链路载体的离散点与之处于同一时间序列,为了满足一定的仿真测试需求,则该样本点的驻留时间 τ 如下:

$$\tau = \max(\Delta\tau, \Delta t) \qquad (8-6)$$

式中:$\Delta\tau$ 为每次通信干扰测试设备能力的最小间隔时间;Δt 为满足一定置信度的衰落模型最小驻留时间;τ 为选点仿真一个方案每个样本点的驻留时间。

选点仿真克服了逐点仿真的几个缺点,在节省仿真测试时间减少仿真运算量的同时,给出在一定置信度以及样本均值与总体均值偏差约束条件下的仿真结果。当然,该模式也存在一定的不足,主要表现在以下几方面。

(1)运动目标航迹显示仅仅只有有限个选取的点,而且每个样本点的运行时间与实际载体的飞行时间大多不符。

(2)在战情想定时,多运动目标所选择的时间点应一致,不允许有交叉,载体内或非载体内的通信与通信对抗设备的时序和运动载体也应保持一致,这就对设计战情提出了一定的要求。

8.3 仿真测试数据处理方法

对不同通信对抗设备、不同的技术性能指标进行仿真测试,有其不同的仿真过程并采集了不同的测试数据,其数据处理过程和评估方法也不尽相同。这里,仅对仿真测试效果评估的数据处理方法作一简要介绍。

1. 数据统计处理

每个测试方案都要进行多次测试,因此,需要对多次测试的结果进行统计处理。数据统计处理是将多次测试的结果进行统计分析和计算,使最终每个测试方案对应一个测试结果,可统计处理的评估指标如报文抄收错组率、误码率等,数据统计处理的方法一般有求取数学期望、方差等。在测试方案的数据统计处理完毕后,可根据数据统计处理的规则生成题目级的测试结果数据。

2. 数理统计处理

利用测试采集的样本(测试结果)所提供的信息对总体(设备指标)的情况进行推论,即为数理统计处理。半实物仿真测试效果评估可采用点估计、区间估计和假设检验3种方法,其中点估计用于对测试数据的处理,区间估计用于估计在给定置信水平下,测试结果的置信区间,假设检验用于给定显著性水平的前提下,推断测试结果是否满足指标要求。

测试数据的数理统计与数据统计的区别是:测试数据的点估计、区间估计的计算是针对测试方案的数理统计处理,检验 N 次测试的测试结果数据在置信水平下的估值区间,并可通过假设检验给出在显著性水平下是否满足设备指标要求的统计推断,其给出的结果从数理统计意义反应了数据的变化区间和可信程度,对测试结果是否满足指标的描述更加严格。测试数据的统计处理一般依据有关国军标,没有从统计意义上考虑数据的可信度。这两种数据处理的方法在数据处理时可同时采用,互为补充。

3. 数据插值

数据插值的主要目的是分析测试条件(或环境)对测试结果的影响,通过离散的、有限的数据来推断未知的某测试条件下的测试结果。一般来说,特定的测试条件对应一个具体的测试方案,因此,数据插值也适用于对不同的方案或题目的测试数据进行处理。

用户往往需要根据特定的需求进行数据插值处理,且进行插值运算的数据源和数据项会因为需求的不同而改变,因此,数据插值软件设计时需要考虑灵活定义数据源和数据项的功能。

插值方法一般包括 Nearest(点插值)、Linear(线性插值)、Spline(样条插值)和 Cubic(立方插值)等,除 Spline 方法外,其余 3 种方法只能进行内插。插值步进需根据用户需要设定,插值的点将从网格显示数据的最小点到最大点按插值步进进行排列。通过软件计算出每个插值点相应的数据,然后,将各插值点和真实数据点用直线连接起来,形成插值曲线。

4. 数据拟合

数据拟合的目的是对测试数据分析处理,以确定变量之间近似的解析表达式。半实物仿真测试效果评估主要选用最小二乘(即误差的平方和为最小)拟合,当把曲线限定为多项式时,称为多项式的最小二乘曲线拟合。

与数据插值类似,数据拟合也可灵活定义数据源和拟合数据项。一般来说,拟合多项式的阶数不宜选择过高,这样,可以采用固定的数据表来保存拟合多项式的系数,设计数据表字段包含常量、一阶至八阶系数来保存拟合多项式。

5. 统计频数条形图

统计频数条形图主要用于对大量测试数据进行分析、统计和显示,以研究分布(如对频率分布)规律,是对数据分布进行描述的一种直观表现形式。用统计频数条形图可以较形象地对正态、均匀等分布进行描述。

与数据插值类似,统计频数条形图也可灵活定义数据源。由于统计频数条形图主要描述数据的分布规律,因此数据源是一维的。

8.4 仿真测试的影响因素

8.4.1 对通信侦察仿真测试的影响因素

通信侦察的主要目的如下。

(1)对目标无线电通信信号特征参数、工作特征的侦察,包括侦察目标无线电通信的工作频率、通信体制、调制方式、信号技术参数、工作特征(如联络时间、联络代号等)等。

(2)测向定位。即测定目标通信信号的来波方位并确定目标通信电台的地理位置。

(3)分析判断。通过对目标通信信号特征参数、工作特征和电台位置参数的分析,查明目标通信网的组成、指挥关系和通联规律,查明目标无线电通信设备的类型、数量、部署和变化情况。

对通信信号的侦察主要由通信侦察接收设备来完成。侦察接收设备即侦察接收机,因使用的目的和承担的任务不同,其组成有所差异。但设备的基本组成是大致相同的,主要包括侦察接收天线、接收机、终端设备和控制设备,如图 8-5 所示。

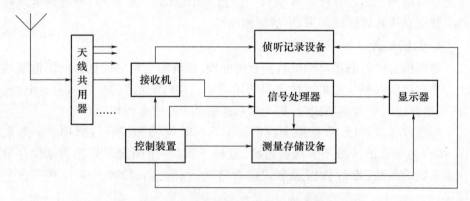

图 8-5 侦察接收机基本组成示意图

按接收机体制分,侦察接收机主要分为超外差接收机(包括全景显示搜索接收机、监测侦听分析接收机等)、压缩接收机、信道化接收机、声光接收机和数字接收机等。

通信侦察仿真测试示意图如图 8-6 所示。

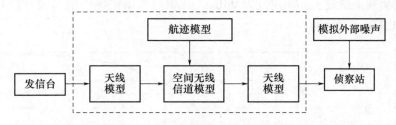

图 8-6 通信侦察仿真测试示意图

从图中可以看出,虚框内的部分,即侦察链路的空间无线信道、被试设备或配试设备的天线是通过模型和仿真设备实现的。模型和仿真设备经常存在一些不完善。

(1) 模型的软件、硬件实现有缺陷。

(2) 模型中的参数选取不当,如测试选用的模型(同一测试环境下可能有多个模型可选)与测试环境等不符。

(3) 仿真设备有精度指标。

(4) 仿真选用的测试方法,也影响侦察距离的仿真测试结果。如跳频侦察链路传输损耗的计算,一种方法是选取跳频带宽内的中心频率设置链路传输损耗,瞬时频率与中心频率传输损耗的差值影响侦察距离测试结果;另一种方法是通过外接"补偿网络"来补偿瞬时频率与中心频率传输损耗的差。

通过改进仿真设备、校验仿真模型、恰当选取模型中的参数,可减少仿真测试的误差。影响通信侦察仿真测试结果的主要因素主要分为两类:一是测试方法和效果评估方法;二是模型准确度和模型硬件实现精度。

(1) 空间无线信道传输损耗、衰落模型的影响。对于超短波固定业务,仿真测试计算路径传输损耗时,如果没有考虑传播路径村镇、树木、公路等地形地物的影响,传输损耗模型计算结果与侦察链路"损耗真值"间的差异,是引起超短波通信侦察仿真的最主要原因。通过校正后的传输损耗模型,仿真与实测的传输损耗的残差一般可控制在 10dB 以内。

不同接收机位置略微变动引起传输损耗的上下浮动,远远大于距离变化引起传输损耗的变化值,设传输损耗相对中值的上下浮动服从瑞利分布,若侦察灵敏度(幅度)为 $x_{\min}$,则侦察成功概率为

$$P(f) = \int_{x_{\min}}^{+\infty} p(x) \mathrm{d}x$$
$$= \int_{x_{\min}}^{+\infty} \frac{x}{\delta^2} \exp\left(-\frac{x^2}{2\delta^2}\right) \mathrm{d}x = \exp\left(-\frac{x_{\min}^2}{2\delta^2}\right) \quad (8-7)$$

设侦察灵敏度 $x_{\min}$(幅度)为 0dBm/m,相对传输损耗中值与侦察成功概率关系如图 8-7 所示。

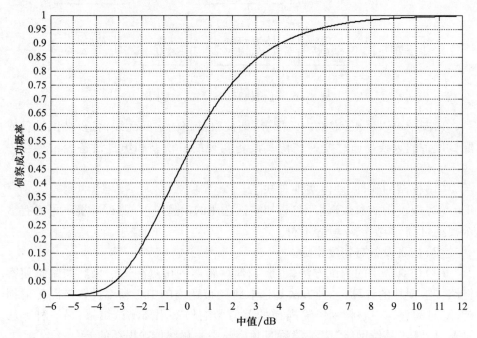

图 8-7 相对传输损耗中值与侦察成功概率关系示意图

也就是说,在假设条件成立的前提下,传输损耗在中值的基础上增加 5dB,最大侦察距离对应的侦察成功概率从 50% 可以提高到 93.3%,若增加 10dB,侦察成功概率几乎为 100%。

对于航空移动业务,超短波地空、空空传输以直射波传播为主,传输损耗的计算结果与实际测量的"真值"较为一致,衰落幅度服从 Rice 分布。

(2)收发天线模型的影响。

① 超短波固定业务设备天线。超短波天线的增益,特别是对数天线的增益,计算结果、测量结果与实际设备天线的"真值"较为一致。但超短波特别是微波频段的天线,有一定的方向性,仿真测试要注意侦察与发信台连线方向的收、发天线增益。

② 航空移动业务设备天线。无论是地空航空移动业务还是空空移动业务,通信设备一般使用马刀天线,马刀天线以偶极子结构为主,水平面上的天线方向图或天线增益容易测量得到,但一定仰角的天线方向图或天线增益难以测量。

(3) 载体、载体运动。

① 航空移动业务。不同类型载体(如飞机、无人机、升空平台等)的天线安装位置,特别是飞机的运动姿态(俯仰角、方位角、滚动角)对天线的影响(包括遮挡),仿真模型一般没有考虑,通常使用水平面天线增益。总之,运动载体对设备天线的影响,仿真建模与实际"真值"之间的不一致,也是引起超短波通信侦察仿真测试误差的最主要原因。

② 陆地移动业务。也就是人们常说的"动中通",超短波天线在车辆上的安装位置,特别是运动过程中天线的摇摆,天线极化方式发生了改变,收发设备天线的极化方式不一致引起极化损失,在仿真模型中也必须考虑。

(4) 电磁环境。30MHz~2GHz 的广义超短波频段是无线电台站最多、业务种类最多、频谱使用效率最高和频率复用最频繁的频段,实装测试时,部分频段的电平相对较高。仿真测试时,由于不接入天线,射频信号直接注入,背景"干净",需要通过设备(或模拟器)模拟实际电磁信号背景,模拟背景与实装真实背景的不一致性,也是引起超短波通信侦察仿真测试误差的原因之一。

8.4.2　对通信干扰仿真测试的影响因素

通信干扰信号在频域、时域和能量上具有一定的特征,它们共同决定了干扰的效率和效能。在无线电通信系统中,发射机发射的信号经过开放的空中信道传送到接收端被接收机所接收,由于信号来自开放的传播媒介,所以接收机在接收信号的同时不可避免地会接收到一部分与信号具有一定相关性的非信号成分,即通常所说的噪声和干扰。无线电通信干扰就是人为地产生与通信信号相关的干扰信号去干扰通信的正常接收,它是通过插入通信系统开放的空间信道对接收机作用而实现的。通信干扰机向空中辐射干扰信号,通过无线信道到达通信系统的接收端,当它被接收机在接收通信信号的同时所接收到时,就对通信产生了干扰。通信干扰是针对通信接收端的,它对通信系统的发射端无直接影响。在无线通信干扰的实施过程中,影响干扰效果的因素是多方面的,从技术角度主要包括以下几个方面。

(1) 干扰功率对干扰效果的影响是至关重要的。干扰功率主要受干扰发射机输出功率、发射天线增益、天线方向性及电波传播损耗的影响。

(2) 干扰在频率上与目标信号的重合程度对干扰效果的影响非常重要。在频域上,干扰和目标信号的频率重合度越高,干扰效果越好;在时域上,干扰与目标信号同时存在才能产生有效干扰,即从目标信号出现或改变到干扰作出反应的快慢直接影响着干扰效果。

(3) 干扰信号样式的影响主要表现在干扰效率上。不同干扰样式压制同一目标信号所需的压制系数是不相同的。

(4)被干扰目标接收机的技术性能和使用条件对干扰效果的影响是很大的,如有些电台采取了很多抗干扰措施。同时,被干扰目标接收机接收天线的方向性也会直接影响干扰效果。

上面干扰有效的几个因素,从能量的角度,可以用干扰方程来描述。收信台干信比与干扰容限的相对大小直接决定干扰距离的远近,即

$$P_j + G_{jr} + \gamma_j + G_{rj}(\theta) - \phi(d_{jr}) + B_{rj} - P_t - G_{tr} + \phi(d_{tr}) - G_{rt} \geq \rho \quad (8-8)$$

式中:P_j、P_t为干扰机、发信台的输出功率,单位为 dBm;G_{jr}、G_{tr}为干扰机、发信台天线在收信台方向的增益,单位为 dB;G_{rt}为收信台天线在发信台方向的增益,单位为 dB;$G_{rj}(\theta)$为收信台天线在干扰机方向的增益,单位为 dB,对方向性天线,其值与 θ 有关;θ 为通信链路与干扰链路之间的夹角;γ_j 为干扰信号与通信信号极化不一致的因子,单位为 dB,$\gamma_j \leq 0$;B_{rj} 为干扰信号和收信台频率对准程度决定的干扰功率进入收信台的百分比,单位为 dB;$\phi(d_{jr})$为干扰链路传输损耗,单位为 dB,它与干扰距离 d_{jr} 和电波传播条件有关;$\phi(d_{tr})$为通信链路传输损耗,单位为 dB,它与通信距离 d_{tr} 和电波传播条件有关;ρ 为有效干扰的最小干信比,即干扰容限,单位为 dB。干扰容限与通信系统的体制和干扰信号的调制样式等多种因素有关,一般要通过理论计算和实验的方法来确定。

通信干扰仿真测试示意图如图 8-8 所示。

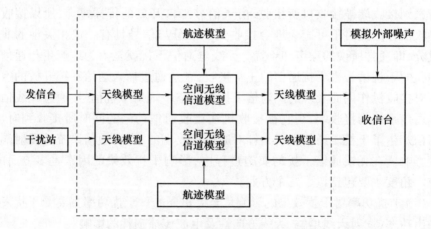

图 8-8 通信干扰仿真测试示意图

图中虚框内的部分,即链路的空间无线信道、被试设备或配试设备的天线、运动轨迹是通过模型和仿真设备实现的,那么,模型和仿真设备存在的一些不完善,都会影响到干扰距离,而仿真设备的硬件精度一般较高,因此,仿真模型(如传输损耗、多普勒频移)的计算结果与实际链路"真值"的差异,是影响通信

干扰仿真测试误差的主要因素。通信干扰中,通信信号和干扰信号的波形确定之后,干扰效果由干信比决定。在仿真测试中,通信电台和干扰机的功率一定,干信比主要由通信电台的天线增益、通信链路电波传播以及干扰机天线增益、干扰链路电波传播所决定。

1. 电波传播损耗模型的影响

干扰有效的 J/S 门限就是压制比,它表示干扰信号和通信信号都平稳时干扰有效的最小干信比。实际电波传播并非平稳的,对于通信和干扰存在移动时,电波传播必然有衰落;对于地面固定的通信和干扰,电波传播损耗随着距离的变化而变化也不是平稳的,类似于衰落的抽样表现。

(1)地面干扰对地地通信干扰的影响。仿真测试使用电波传播损耗模型计算通信链路的损耗和干扰链路的损耗。电波传播模型计算的损耗是中值,对于不同的电波传播环境一般存在两种模型:一种是统计性模型,即模型是在大量的测量数据基础上统计拟合出来的经验或半经验公式;另一种是确定性模型,即通过严格的推导得到的明确数学解析式模型。有些确定性模型如自由空间传输损耗模型,其精度不容置疑。有些确定性模型如射线追踪法模型,其使用的区域必须建立地形模型,但是其结果与实际测量结果存在差异,差值可以达到10dB,均方根差可以达到4~5dB。在实际测量值的基础上拟合出的模型,与测量值的差也可以达到10dB,均方根差也可以达到4~5dB。在通用模型(ITU 推荐)的基础上合理增加修正项,也可以使预测结果达到这一水平。因此,我们可以认为,地地固定业务电波传播模型计算得到的传播损耗中值最好也只能达到这么一个水平。

然而,从电波传播损耗模型的分析中我们看到,模型的计算结果与实际测量统计的中值损耗结果在不同距离、不同频率上大多数情况下存在相似的误差,模型的计算结果都大于或都小于实际测量结果。所以,尽管电波传播模型都有误差(甚至是很大的误差),但是由于地面通信干扰仿真测试的通信链路损耗和干扰链路损耗使用相同的模型,其误差分布基本相同,在干信比上这种误差相互抵消或部分抵消,使得干扰距离的仿真测试结果的可信度不那么差。

即使电波传播模型计算损耗中值的准确度很高,地面通信对抗干扰仿真测试是依据损耗中值而实施,在不考虑其他因素时,小于传播损耗为中值的出现概率只有50%,因此测试得到的最大干扰距离的发生概率为50%,即此时测试结果的可信度为50%。要使仿真测试的最大干扰距离更加可信,必须进一步对通信或干扰链路传输损耗进行修正。那么,修正量是多大呢?

设收信机位置的略微变动引起通信信号、干扰信号传输损耗的上下浮动,即衰落都服从瑞利分布,压制系数为 α(自然数),通信接收机正常工作所需最小接收电平为 $x_{\min}$,则干扰成功概率为

$$P(f) = \int_{x_{\min}}^{+\infty} \left(p_S(x) \int_{\alpha x}^{+\infty} p_J(y)\,\mathrm{d}y\right)\mathrm{d}x + \int_0^{x_{\min}} p_S(x)\,\mathrm{d}x$$

$$= \int_{x_{\min}}^{+\infty}\left(\frac{x}{\delta_1^2}\exp\left(-\frac{x^2}{2\delta_1^2}\right)\int_{\alpha x}^{+\infty}\frac{y}{\delta_2^2}\exp\left(-\frac{y^2}{2\delta_2^2}\right)\mathrm{d}y\right)\mathrm{d}x + \int_0^{x_{\min}}\frac{x}{\delta_1^2}\exp\left(-\frac{x^2}{2\delta_1^2}\right)\mathrm{d}x$$

$$= \frac{\delta_2^2}{\alpha\delta_1^2 + \delta_2^2}\exp\left(-\frac{\alpha\delta_1^2 + \delta_2^2}{2\delta_1^2\delta_2^2}\cdot x_{\min}^2\right) + \left(1 - \exp\left(-\frac{x_{\min}^2}{2\delta_1^2}\right)\right)$$

$$= 1 + \frac{\delta_2^2}{\alpha\delta_1^2 + \delta_2^2}\exp\left(-\frac{\alpha\delta_1^2 + \delta_2^2}{2\delta_1^2\delta_2^2}\cdot x_{\min}^2\right) - \exp\left(-\frac{x_{\min}^2}{2\delta_1^2}\right) \qquad (8-9)$$

设接收机正常工作所需最小接收电平 $x_{\min}$ 为0,压制系数为0dB(最大干扰距离时),则干扰信号与通信信号中值比与干扰成功概率关系如图8-9所示。

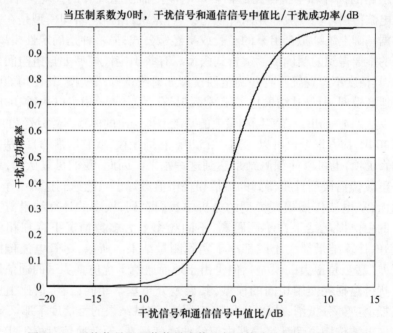

图8-9 干扰信号和通信信号中值比与干扰成功概率关系示意图

也就是说,在假设条件成立的前提下,干扰链路传输损耗增加5dB或通信链路传输损耗减少5dB,最大干扰距离对应的干扰成功概率从50%可以提高到91%,干扰链路传输损耗增加10dB或通信链路传输损耗减少10dB,干扰成功概率为99%。

(2)升空干扰对地地通信的影响。在这类仿真测试中,空地干扰链路损耗使用的是航空移动电波传播损耗模型,测试中空地干扰链路增加了衰落;地面通信使用地波传播损耗模型计算中值。空地链路损耗可以认为各态历经,在衰落模型准确时可以认为置信度为接近100%(实际仿真测试系统衰落为截取到97%)。地面传播损耗中值的可信度为50%,那么,此时最大干扰距离测试结果可信度约为50%。

在飞机平稳飞行时模型计算精度很高,基本与自由空间损耗一致。通过地空链路的衰落统计,衰落深度为1dB的概率达到97%,说明地空链路的损耗相当稳定。计算地面通信链路损耗的模型是地波传播模型,其计算结果的准确度直接决定了干信比,也就是直接决定干扰距离的测试结果。

设收信机位置的略微变动引起通信信号传输损耗的上下浮动,即衰落服从瑞利分布,压制系数为 α(自然数),干扰信号中值为 X,则干扰成功概率为

$$P(f) = \int_0^{\frac{X}{\alpha}} p(x) \mathrm{d}x = 1 - \exp\left(-\frac{X^2}{2\alpha^2\delta^2}\right) \qquad (8-10)$$

设压制系数为0dB(最大干扰距离时),则干扰信号与通信信号中值比与干扰成功概率关系如图8-10所示。

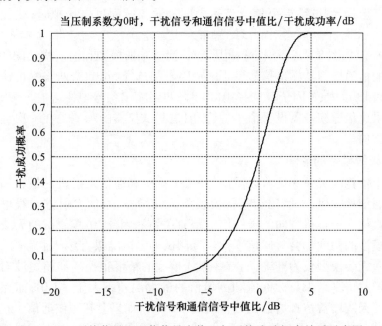

图8-10 干扰信号和通信信号中值比与干扰成功概率关系示意图

也就是说,在假设条件成立的前提下,通信链路传输损耗减少2.5dB,最大干扰距离对应的干扰成功概率从50%可以提高到89%;通信链路传输损耗减少5dB,干扰成功概率几乎为100%。

(3)地面干扰对地空和空空通信的影响。地空干扰是指地面干扰机对空中平台通信的干扰。空空干扰是指升空的干扰机空中平台通信干扰。这两种干扰测试时,在不考虑低仰角地空干扰的情况下(实际通信对抗干扰测试中很少出现低仰角干扰),且平台稳定或飞行平稳,传播损耗模型的中值计算精度非常高,衰落深度很小(实测分析衰落深度1dB以内的概率达到99%),且测试时通信和干扰链路都可以增加衰落模拟,可以认为测试结果的可信度接近100%。

2. 电波传播衰落模型的影响

电波传播衰落模型有3个描述特征:衰落的分布、衰落深度和衰落速率。衰落分布在研究电波传播模型中已经做过分析,一般服从莱斯分布或瑞利分布,实际地空衰落深度与以前测试选取的典型值有很大差异,它与衰落速率共同影响测试结果。

在通信仿真测试中,主要考虑和模拟快衰落、慢衰落可以在损耗中体现。不考虑其他因素,衰落模型或衰落模拟较为准确时,最大干扰距离测试结果的可信度非常高。然而,从实际情况看,衰落周期远远小于通信时间时,我们可以认为各态历经,测试结果可信。衰落周期和通信时间可以比拟时,往往测试结果和评估标准不一样,会对测试结果带来很大差异。

图8-11、图8-12为不同K因子时,测试莱斯模型和输入均相同的两路衰落独立的信道模拟器输出信号差别。K因子都选择5dB时,两路输出信号电平差在±10dB以内;K因子都选择10dB时,两路输出信号电平差在±7dB以内。测试结果比信道模拟器设置值小,其原因是测试仪器的示值是在一次测试时间内的平均值。

3. 天线模型的影响

从干信比的关系式中可以看出,如果干扰机和通信发射机的最大辐射方向都对准通信接收机,干信比和干扰机发射天线增益、通信发射方天线增益以及通信接收机在干扰机方向的天线增益都有关系。因此,仿真测试的天线增益和方向图模型的精度都会对通信干扰仿真测试的测试结果直接产生影响。

有些天线模型较为准确,而有些天线模型的精度很差。如超短波对数周期天线的增益仿真结果与标称值和测量值的最大误差不大于±1dB,而超短波战术电台的天线增益仿真增益比测量值的小5dB。如果对超短波通信干扰站进行仿真测试,干扰站采用对数周期天线,战术电台采用鞭天线,由于天线增益仿真误差带来的干信比最大误差将达到6dB,即干信比比基于测量的天线增益值的计算结果大6dB,即使电波传播损耗模型没有误差,由此测试得到的最大干扰距离将比基于实际测量天线增益的结果大35%。

在测试中,对于模型精度不高或难以建模(受载体影响难以建模)的天线,可以采用测试天线增益或测试等效辐射功率的方法获得精度较高的仿真测试结果,仿真测试结果的可信度可以得到进一步提高。

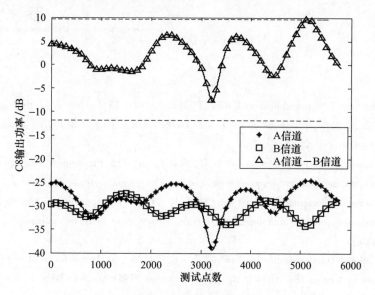

图 8-11　$K=5$ 时的信道模拟器输出曲线示意图

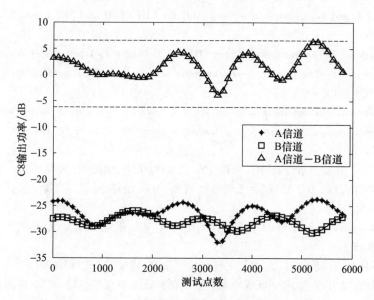

图 8-12　$K=10$ 时的信道模拟器输功率曲线示意图

参考文献

[1] International Telecommunication Union. ITU – R P. 452 – 15：Prediction for the evaluation of interference between stations on the surface of the earth at frequencies above about 0.1 GHz[S]. Geneva：ITU,2013.

[2] International Telecommunication Union. ITU – R P. 530 – 15：Propagation data and prediction methods required for the design of terrestrial line – of – sight systems[S]. Geneva：ITU,2013.

[3] International Telecommunication Union. ITU – R P. 617 – 3：Propagation prediction techniques and data required for the design of trans – horizon radio – relay systems[S]. Geneva：ITU,2013.

[4] International Telecommunication Union. ITU – R P. 1546 – 5：Method for point – to – area predictions for terrestrial services in the frequency range 30 MHz to 3000MHz[S]. Geneva：ITU,2013.

[5] International Telecommunication Union. ITU – R P. 528 – 3：Propagation curves for aeronautical mobile and radio navigation services using the VHF, UHF and SHF bands[S]. Geneva：ITU,2012.

[6] International Telecommunication Union. ITU – R P. 1812 – 3：A path – specific propagation prediction method for point – to – area terrestrial services in the VHF and UHF bands[S]. Geneva：ITU,2013.

[7] International Telecommunication Union. ITU – R P. 2001 – 1：A general purpose wide – range terrestrial propagation model in the frequency range 30 MHz to 50 GHz[S]. Geneva：ITU,2013.

[8] Patzold M. 移动衰落信道[M]. 陈伟,译. 北京：电子工业出版社,2009.

[9] Lee W C Y, Lee D J Y. 综合无线传播模型[M]. 刘青格,译. 北京：电子工业出版社,2015.

[10] Guillaume de la R. LTE – A 和下一代无线网络[M]. 张建华,译. 北京：电子工业出版社,2015.

[11] Patzold M. 移动无线信道[M]. 王秋爽,译. 北京：机械工业出版社,2014.

[12] 刘翠海,温东,姜波,等. 无线电通信系统仿真及军事应用[M]. 北京：国防工业出版社,2013.

[13] Molisch A F. 无线通信[M]. 田斌,译. 北京：电子工业出版社,2015.

[14] 杨大成. 移动传播环境[M]. 北京：机械工业出版社,2000.

[15] 王月清,王先义. 电波传播模型选择及场强预测方法[M]. 北京:电子工业出版社,2015.

[16] Rappaport T S. 无线通信原理与应用[M]. 周文安,译. 北京:电子工业出版社,2013.

[17] 谢益溪. 无线电波传播原理与应用[M]. 北京:人民邮电出版社,2008.

[18] Tranter W H. 通信系统仿真原理与无线应用[M]. 肖明波,译. 北京:机械工业出版社,2005.

[19] Poisel R A. 通信电子战导论[M]. 吴汉平,译. 北京:电子工业出版社,2003.

[20] 郭诠水. 通信设备接口协议手册[M]. 北京:人民邮电出版社,2005.

[21] 刘春胜. 战术无线电台[M]. 北京:军事科学出版社,2000.

[22] 熊皓. 无线电波传播[M]. 北京:电子工业出版社,2000.

[23] 王新稳. 微波技术与天线[M]. 北京:电子工业出版社,2003.

[24] 李明洋. HFSS 天线设计[M]. 北京:电子工业出版社,2011.

[25] 谢拥军. HFSS 原理与工程应用[M]. 北京:科学出版社,2008.

[26] 谢处方. 天线原理与设计[M]. 成都:成都电子科技大学出版社,2001.

[27] 符果行. 经典电磁理论方法[M]. 西安:西安电子科技大学出版社,1998.

[28] 王鹏. Ansoft HFSS 基础及应用[M]. 西安:西安电子科技大学出版社,2007.

[29] 宋铮. 天线与电波传播[M]. 西安:西安电子科技大学出版社,2003.

[30] 冯小平,李鹏,杨绍全. 通信对抗原理[M]. 西安:西安电子科技大学出版社,2009.

[31] 张邦宁,魏安全,郭道省. 通信抗干扰技术[M]. 北京:机械工业出版社,2007.

[32] 周希元. 通信系统仿真——建模、方法和技术[M]. 北京:国防工业出版社,2004.

[33] 刘树棠. 现代通信系统[M]. 2 版. 北京:电子工业出版社,2005.

[34] 陈军,等. 通信对抗装备测试[M]. 北京:国防工业出版社,2009.

[35] 陈尚松,等. 电子测量与仪器[M]. 北京:电子工业出版社,2004.

[36] James Bao – Yen Tsui. GPS 软件接收机基础[M]. 陈军,等译. 北京:电子工业出版社,2007.

[37] Proakis J G. 数字通信[M]. 4 版. 张力军,等译. 北京:电子工业出版社,2006.

[38] 邵国培. 电子对抗作战效能分析[M]. 北京:解放军出版社,1998.

[39] 樊昌信. 通信原理[M]. 5 版. 北京:国防工业出版社,2001.

[40] 王铭三. 通信对抗原理[M]. 北京:解放军出版社,1999.

[41] Bertoni Henry L. 现代无线通信系统电波传播[M]. 顾金星,译. 北京:电子工业出版社,2001.

[42] 李轶华. GSM – R 无线信道模型分析[D]. 成都:西南交通大学,2005.

[43] 王海南. 常用无线电传播模型的对比分析及应用[D]. 吉林:吉林大学,2011.

[44] 何剑辉,冯景锋,李熠星. 电波传播模型介绍分析[J]. 广播与电视技术,2006(12):57 – 59.

[45] 杨迪. 基于电子地图的无线信道特性研究[D]. 西安:西安电子科技大学,2011.

[46] 薛伟,王忠. 基于实测的无线信道仿真分析[J]. 中国测试技术,2008(1):77 – 79.

[47] 孙刚. 无线传播信道模型库的研究与建立[D]. 西安:西安电子科技大学,2009.

[48] 赵育才. 无线电波传播预测与干扰分析研究及实现[D]. 长沙:国防科学技术大学,2009.

[49] 张因奎. 无线电传播预测模型的可视化仿真研究[D]. 成都:西华大学,2013.

[50] 齐凯歌. 无线网络在不同频段及衰落环境下的传播性及差异研究[D]. 合肥:安徽大学,2015.

[51] 金鑫. 无线信道传播模型的研究与实现[D]. 北京:北京邮电大学,2010.

[52] 秦中华. 无线信号在市区的传播分析、预测及评估[D]. 哈尔滨:哈尔滨工程大学,2007.

[53] 欧云杰. 移动通信系统的传播模型研究与应用[D]. 北京:北京邮电大学,2011.

[54] 孔令涛,汤浩. 战术通信无线传播研究[J]. 无线电通信技术,2011,37(3):26-29.

[55] 毕学军,张扬,王小振. 战术无线通信信道传播模型[J]. 四川兵工学报,2013,34(10):80-82.

[56] 王立夫,孙凤娟. 短波信道特性参数对通信误码率影响的测试分析[J]. 电波科学学报,2012,27(4):710-713.

[57] 王朕. 无线通信系统的信道测量与建模关键技术研究[D]. 上海:中国科学院上海微系统与信息技术研究所,2008.

[58] 梁栋. 无线通信仿真可信度及快速仿真算法研究[D]. 北京:北京邮电大学,2007.

[59] 张翼. 陆基无线电导航通信系统信号模拟器的研究[D]. 哈尔滨:哈尔滨工程大学,2004.

[60] 曹雪. 地域电波传播模型修正的研究[D]. 西安:西安电子科技大学,2009.

[61] 胡绘斌. 预测复杂电磁环境下电波传播特性的算法研究[D]. 长沙:国防科学技术大学,2006.

[62] 孙红云,王亮,王涛. GIS技术在无线电波场强分析中的应用研究[J]. 测绘科学,2007(6):104-106.

[63] 贾明华,郑国莘,张欣. 电波传播预测仿真方法[J]. 计算机仿真,2010,27(11):91-94.

[64] 李欣. 基于GIS的电波传播预测系统[D]. 成都:电子科技大学,2006.

[65] 李新民,扈平. 基于MATLAB的两径模型仿真分析[J]. 无线电工程,2012,42(3):21-24.

[66] 杨迪. 基于电子地图的无线电波传播预测[J]. 信息通信,2013(2):11-12.

[67] 唐秋菊,徐松毅. 基于神经网络的传播预测模型浅析[J]. 无线电工程,2010,40(3):21-23.

[68] 王海,王至琪. 丘陵地区电波传播的测量与分析[J]. 计算机与网络,2010,36(13):46-49.

[69] 范喜全,匡镜明. 一种复杂环境下的战术通信信道仿真方法[J]. 系统仿真学报,2008(9):2502-2504.

[70] 扈罗全,陆全荣. 一种新的无线电波传播路径损耗模型[J]. 中国电子科学研究院学报,2008,3(1):40-44.

[71] 祝贵凡. 战场环境下电磁频谱管理中的传播预测技术研究[D]. 长沙:国防科学技术大

学,2006.

[72] 韩鹏. 中近距离多波段无线电波传播建模与仿真[D]. 哈尔滨:哈尔滨工程大学,2013.

[73] 许从方,丛键. 超短波电台信道模型的仿真研究[J]. 通信技术,2014,47(7):733-737.

[74] 谭立新,何艳丽. 多径衰落信道的统计特性与仿真研究[J]. 计算机仿真,2010,27(7):96-98.

[75] 章俊,刘国庆,刘力军,等. 多径信道衰落与时延的模拟研究[J]. 南京工业大学学报,2006(2):19-22.

[76] 赵海涛,董育宁. 基于模型的无线移动信道传输特性仿真研究[J]. 电力系统通信,2008(9):35-38.

[77] 罗志年. 宽带无线信道建模方法研究与应用[D]. 上海:上海交通大学,2009.

[78] 任成勇. 宽带信道建模与参数提取方法的研究[D]. 南京:南京邮电大学,2011.

[79] 孙刚. 无线传播信道模型库的研究与建立[D]. 西安:西安电子科技大学,2009.

[80] 李俊. 无线衰落信道的建模与仿真研究[D]. 西安:西安电子科技大学,2008.

[81] 张弦. 无线通信的信道建模与仿真技术研究[D]. 西安:西安电子科技大学,2012.

[82] 黄俊然. 无线信道测量与建模中实测数据拟合的研究[D]. 天津:天津大学,2010.

[83] 顾杰. 无线信道的确定性建模和参数分析[D]. 南京:南京理工大学,2010.

[84] 李萌,孙恩昌,张延华. 无线信道模型研究与展望(一)[J]. 中国电子科学研究院学报,2012,7(4):362-364.

[85] 李萌,孙恩昌,张延华. 无线信道模型研究与展望(二)[J]. 中国电子科学研究院学报,2012,7(5):483-489.

[86] 蒋泽,顾朝志. 无线信道模型综述[J]. 重庆工学院学报,2005(8):63-67.

[87] 张敏. 移动无线信道模型的研究[D]. 武汉:华中科技大学,2005.

[88] 成澜. 无线信道仿真与建模[D]. 苏州:苏州大学,2008.

[89] 黄俊然. 无线信道测量与建模中实测数据拟合的研究[D]. 天津:天津大学,2010.